CATÉCHISME

AGRICOLE

Par C^{de} COUSSIN

ex-instituteur primaire,
lauréat et membre correspondant de plusieurs sociétés savantes,
manufacturier à La Bastide-Bordeaux.

Ouvrage dédié à Son Excellence le Ministre d'État,
ex-Ministre de l'Agriculture.

DEUXIÈME ÉDITION. — PRIX : 1 F.

BORDEAUX
IMPRIMERIE GÉNÉRALE D'ÉMILE CRUGY
rue et hôtel Saint-Siméon, 16.

1864

CATÉCHISME

AGRICOLE

C.

CATÉCHISME

AGRICOLE

Par C^{DE} COUSSIN

ex-instituteur primaire,

lauréat et membre correspondant de plusieurs sociétés savantes,

manufacturier à La Bastide-Bordeaux.

Ouvrage dédié à Son Excellence le Ministre d'État,
ex-Ministre de l'Agriculture.

DEUXIÈME ÉDITION

•

BORDEAUX

IMPRIMERIE GÉNÉRALE D'ÉMILE CRUGY

rue et hôtel Saint-Siméon, 16.

1864

A Son Excellence

Monsieur ROUHER,

Ministre d'État.

—

Ministre vénéré du peuple et de la cour,
    Qu'un destin fortuné fit naître
Dans la noble province où je reçus le jour,
    C'est pour vous que je fais paraître
    L'opuscule que j'écrivis
    Sur la montagne gigantesque
    De cette Auvergne pittoresque,
Fier berceau de Rouher, de Vercingétorix.

    Enfant j'y méditai l'histoire ;
D'Assas, d'Estaing, Gerbert, Delille et L'Hospital
Exaltaient mon esprit ; j'y chantais la mémoire
De l'immortel Desaix, de l'illustre Pascal,
    Quand, dans la riante campagne
    De la Cère ou de la Limagne,
Mes mains ouvraient le sol de mon pays natal.

    Patronné par Votre Excellence,
    Mon cours deviendra sûrement

Le plus utile enseignement
Que, de nos jours, la bienfaisance
Donne aux cultivateurs de notre belle France ;
Et vous avez tant fait pour leur soulagement,
Et les arts et l'agriculture !

Accueillez ces timides vers
Qu'un jour me dicta la nature ;
Fruits d'une muse sans culture,
Et nés parmi la foudre et les éclairs (1),
A votre âme sensible ils deviendront bien chers.

Mon cœur les porte à leur adresse ;
Votre vertu les suscita.
Oui, le vainqueur de Magenta,
Dans sa prévoyante sagesse,
Doit s'applaudir, pour sa gloire et pour nous,
De l'heureux choix qu'il fit en vous.

(1) A l'âge de vingt ans, l'auteur ignorait encore la prononciation de quelques lettres de l'alphabet ; toute sa jeunesse s'est passée au travail de la terre ou à la garde des troupeaux sur les montagnes du Cantal, et son instruction se résume dans trente mois de classes dans les écoles primaires seulement. Le dévouement qu'il a porté à l'instruction de la jeunesse et plusieurs actes de vertu dans sa vie privée lui ont valu en 1862, devant l'Académie française, le prix de vertu Monthyon.

PRÉFACE

Les agitations politiques dont la France a été le théâtre depuis longues années avaient empêché, dans la plupart de nos provinces, le développement de l'art agricole, et semblaient vouloir le laisser dans son enfance, quand l'heureux protecteur de l'indépendance italienne, après s'être couvert de gloire sur les champs de bataille de Magenta et de Solferino, est venu lui tendre une main secourable et l'entourer d'une sollicitude toute paternelle.

L'intelligence et le zèle du cultivateur, sans cesse encouragés par des récompenses; ses pertes et ses malheurs indemnisés par des secours chaque jour renouvelés; des écoles créées dans les campagnes, où le pauvre comme le riche peut aller puiser les connaissances des nouvelles méthodes, et s'assurer de l'avantage incontestable qu'elles ont sur les anciennes : le boisement des montagnes et des terrains en pente, le défrichement des landes par l'écobuage et le colmatage, le dessèchement des marais, le comblement des lacs et des étangs, le développement de l'irrigation, l'aménagement des eaux dans le haut des vallées, l'amélioration des routes agricoles, etc., la canalisation des fleuves et des rivières, l'encouragement de l'instruction primaire agricole et des associations agricoles, etc. : — tels sont les sacrifices que le gouvernement s'impose dans l'intérêt de l'agriculture.

A son exemple, il faut que chacun de nous rivalise et
de zèle et de dévouement, afin de contribuer à la prospérité de cet art important, qui peut à lui seul améliorer le
sort des peuples, assurer le bonheur de l'humanité, consolider le bien-être, la force, l'indépendance et la tran-
quillité des États. Je regrette de ne pouvoir y apporter un
tribut plus considérable; et, malgré le manque d'instruction et de temps, je n'ai pu m'empêcher de publier mon
opuscule, fruit de vingt-cinq années d'application pratique comme cultivateur et agriculteur, de douze années
de théorie comme professeur, et de six années de manipulation dans les laboratoires comme chimiste.

L'exécution des nouvelles théories paraît toujours difficile ou impraticable aux partisans de la routine; mais
l'agriculteur intelligent comprend facilement les heureux
résultats qu'il peut en retirer, et, par des calculs sages et
économiques, il se met à même de vaincre tous les obstacles, réalise d'importantes améliorations, s'assure une
aisance honnête et modeste, mais mille fois plus belle,
plus solide et plus méritoire que ces fortunes colossales
que des hommes intrigants et ambitieux amassent rapidement par des procédés déloyaux, ou bien en consumant leur existence dans les émotions fiévreuses de la
spéculation et de l'agiotage.

On se plaint généralement de la désertion des campagnes vers les villes et du manque de bras pour l'exécution
des travaux des champs. Donnons au cultivateur les
moyens de s'instruire dès son jeune âge, créons pour lui
un enseignement agricole professionnel; procurons-lui
de bons ouvrages et à bon marché, qui puissent lui faire
aimer l'agriculture, le familiariser avec les nouvelles méthodes, lui exposer avec clarté et simplicité des vérités
utiles, des théories saines, des idées fécondes, et lui faire
comprendre les immenses trésors que la terre lui cache et
qu'elle ne cède qu'aux savantes opérations de l'habile

agronome; donnons à sa nombreuse famille toutes les jouissances qu'il est permis de trouver aux champs; assurons-lui du travail et des vivres à bon marché, et nous serons certains qu'il s'estimera heureux de pouvoir passer sa vie entière sous le toit paternel.

Que le gouvernement et les autorités locales entourent les instituteurs primaires de nouvelles sollicitudes; qu'on donne à ces apôtres du progrès, à ces dignes missionnaires de la civilisation, à ces nouveaux dispensateurs de l'intelligence humaine, une plus grande somme de connaissances et d'indépendance, un traitement analogue aux services qu'ils rendent à la société, un jardin potager, un verger, un vivier, une vaste cour, un champ renfermant un apier, etc., afin qu'ils puissent expliquer théoriquement et pratiquement à leurs élèves : l'horticulture, l'arboriculture, la pisciculture, l'ornithoculture, l'agriculture proprement dite, l'apiculture, etc.; et nous pouvons être assurés que ces humbles fonctionnaires offriront alors à la société toutes les garanties désirables.

En donnant seulement l'instruction primaire à la jeunesse des campagnes, on déclasse les populations rurales au profit des populations urbaines; tandis que si l'on joint l'instruction agricole à l'enseignement primaire, on retient au foyer paternel et aux travaux des champs cette vigoureuse et infatigable jeunesse que sa naissance voue aux travaux agricoles. C'est ainsi qu'on peut résoudre le problème si souvent posé de nos jours devant les sociétés d'agriculture, et dont personne n'a osé jusqu'ici chercher à donner la véritable solution. L'égoïsme est la cause de la pénurie qu'on nous signale; le dévouement et l'abnégation doivent en être le remède.

C'est en développant par l'instruction l'œuvre du Créateur, que la société doit guérir des vices qui la rongent depuis tant de siècles; que les professeurs et les pères de famille inculquent dans l'esprit des générations actuelles et futures des principes de justice, de loyauté, d'ordre, de bonne conduite et d'économie, et notre but sera atteint. L'homme se compose de deux parties bien distinctes, savoir : le corps, qui tombe sous nos sens, et l'âme, qui se manifeste par la raison, la volonté et le jugement. De même que le corps se nourrit de pain, l'âme, à son tour, se nourrit de la parole de Dieu : le savoir et la vérité ; et cet être, roi de la création, ne peut atteindre sa perfectibilité que tout autant que ses facultés corporelles et intellectuelles sont cultivées et développées selon leurs besoins.

L'homme ignorant est un être imparfait qui, malgré sa bonne volonté, peut faire le mal sans se douter de ce qu'il fait ; il devient souvent brutal avec tout le monde, ne connaît d'autres amusements, pendant ses longues heures de loisir, que le jeu et la boisson, vices qui abrutissent toujours celui qui s'y livre, et le poussent parfois à des actes bien regrettables, tels que les querelles, les rixes, qui peuvent lui attirer de sévères punitions, la perte de son emploi, et l'indigence dans sa famille.

L'homme qui possède les premières connaissances élémentaires éprouve un plaisir ineffable à passer ses récréations au sein de sa famille, à lire les livres propres à le moraliser, à l'instruire, à le perfectionner dans son art, et à lui rendre agréables les rapports qu'il peut avoir avec ses égaux et ses supérieurs. C'est ainsi que l'honnête artisan, le bon père de famille, peut donner à ses inférieurs, à ses enfants et à tous ceux qui l'entourent, l'exemple des vertus domestiques ; c'est ainsi qu'il conserve sa santé, son honneur, son argent, son indépendance, la paix et l'aisance dans le ménage, et met en pratique cet adage qui lui dit : « Aide-toi, le ciel t'aidera ! »

Qu'on introduise l'enseignement agricole dans les classes supérieures, et tel homme qui sortira du lycée et des écoles de droit avec le titre de bachelier, etc., pourra devenir un agronome distingué, quand il se retirera des affaires et sera appelé à exploiter ses propriétés : car l'agriculture est la profession par excellence chez tout le monde, et l'instruction ne nuit jamais à l'agriculteur; il est aussi important pour la société que ce dernier connaisse les lois de la chimie agricole, que l'avocat les lois de la procédure. Nous dirons, pour l'édification de la jeunesse, qu'il faut mieux rester simple agriculteur dans la campagne, que d'aller végéter dans les villes, médecin sans malades, ouvrier sans emploi, négociant sans clientèle, avocat sans causes, ou fonctionnaire avec un traitement insuffisant.

On a vu, chez les Romains, les guerriers les plus illustres, en France les généraux les plus célèbres, tels que les Catinat, les Bugeaud, les Hygonet, etc., déposer leur épée pour saisir le moucheron de la charrue et diriger les travaux agricoles de leurs propriétés, et la valeur de ces dernières étaient toujours en rapport direct avec l'instruction et l'intelligence de ces braves soldats, de ces vaillants défenseurs de la patrie.

Nous évitons, dans notre Catéchisme trop restreint, tous ces petits détails que l'usage des lieux et la pratique enseigneront mieux à la jeunesse que nous ne saurions le faire, et que les professeurs et les maîtres de pratique devront donner succinctement; car les grands développements dans les explications produisent la confusion dans l'esprit de l'auditeur, et y engendrent le dégoût et le découragement. Nous cherchons à appeler l'attention de l'élève sur les principaux phénomènes de la physiologie végétale, sur les saines méthodes et les préceptes généraux de l'agriculture, et sur les améliorations que nous regardons comme réalisables, nécessaires, urgentes et indispensables.

Pour cet ouvrage, nous n'avons pas cherché à imiter ces écrivains qui font des traités d'agriculture sans avoir pratiqué cette science, et qui, lorsqu'ils nous entretiennent sur une plante, ne nous disent rien du sol qui lui convient, du climat qui la favorise, de la préparation du terrain qui doit la recevoir, de la quantité de graine qui convient à l'ensemencement d'un hectare, de l'époque à laquelle on doit la semer, de la manière dont on la sème, des plantes après lesquelles elle veut être semée, des soins qu'elle réclame pendant sa croissance et après sa maturité, etc.; mais ils nous donnent son nom en latin, ils nous parlent de ses vertus et de son utilité dans les arts, ce qui est tout à fait en dehors de sa culture.

Que l'on ne nous objecte pas que tout ce que nous allons démontrer est au-dessus de l'intelligence de l'enfant de quinze ans, car toutes les sciences abstraites et métaphysiques dont on farcit son esprit dans nos institutions, n'auront jamais pour lui autant d'attraits qu'en a l'une des plus petites merveilles de la création végétale, merveilles qui le frappent d'étonnement, l'arrêtent à chaque pas qu'il fait dans la vie, et le portent à nous demander : Pourquoi ceci, pourquoi cela? Devons-nous nous contenter de lui répondre que c'est un mystère, quand nous pouvons lui dire la vérité et satisfaire sa vive curiosité ! Soyons aptes, autant que la science nous le permet, à répondre clairement à toutes les demandes que peuvent nous faire des élèves intelligents et raisonnables, et nous serons étonnés de voir que plus ces jeunes gens grandiront, plus ils voudront s'instruire, et que plus ils comprendront les grandes merveilles de la nature, plus ils seront reconnaissants envers l'auteur de toutes choses; et leur âme candide et confiante dans la vérité qui les instruit et les éclaire, s'affermira dans la religion, et la croyance d'un Être suprême fera de ces enfants, devenus hommes, les modèles des citoyens vertueux, et non des athées, des matérialistes et des libertins.

Cet ouvrage a pour but de répandre le goût de l'étude et de la science agricole dans les populations rurales, et d'être substitué par son bas prix à la lecture insipide, fri-

ble , mensongère et dangereuse des romans , laquelle
âte le goût, alarme la pudeur, n'apprend rien à l'in-
ustrie, et n'apporte que la stérilité dans l'esprit des classes
ivrières. Présenter à la société un ouvrage dont chaque
age stimule la curiosité du lecteur par des faits se rap-
ortant aux sciences naturelles et aux phénomènes de
 végétation qui se déroulent à chaque instant devant ses
eux ; élever insensiblement, par l'instruction, l'intelli-
ence des habitants de la campagne au niveau du progrès
 des lumières de la science, afin de les mettre à même
acquérir les connaissances utiles et de faire de la bonne
griculture : c'est la tâche que nous avons voulu nous
mposer ; et si nous ne pouvons la remplir parfaitement, il
ous restera le doux espoir que des hommes plus autorisés
ourront mieux faire, ou bien nous donneront des rensei-
nements qui nous permettront de compléter notre œuvre.
  Qu'on nous permette de terminer cet avant-propos par
s vers suivants, extraits de l'un de nos poèmes : *le Poète*.
s se rapportent aux phénomènes de la végétation , etc.

    Quand , au soleil de mars, l'atmosphère s'épure,
    La terre alors revêt sa robe de verdure,
    L'arbuste étale aux vents ses panaches de fleurs,
    L'air s'imprègne au vallon de suaves senteurs.
    Par ses rayons ardents, le globe s'électrise,
    L'eau dissout les agents, la sève s'organise,
    La plante la reçoit par l'effet des courants ;
    Et ce souffle divin nous trouve indifférents !...
    Mais ce souffle, reflet de toute la nature,
    Par qui le Créateur parle à sa créature,
    Le matin sur la plage et le soir au vallon,
    Fut compris de tout temps des enfants d'Apollon !...

    Quand le poète en paix coule sa vie austère,

Quand sa sagacité dévoile le mystère
Qui produit en nos champs la végétation,
Il consume son être en admiration ;
Et si la muse vient présider à ses veilles,
Au ravissant aspect de ces grandes merveilles,
Inspiré par le Dieu qui régit l'univers,
Il nous offre les fruits de ses talents divers.
Puis, devant ces tableaux, quand sa verve s'enflamme,
Son luth produit des sons qui ravissent notre âme ;
Et les vibrations de ces accords touchants
Font monter vers les cieux le plus pur des encens.

O puissant Créateur ! fluide impondérable !
Tes travaux sont parfaits, ton œuvre est admirable ;
Tu portes et la vie à tous les végétaux,
Et l'acide abondant qui doit, dans leurs canaux,
Transformer lentement la sève en albumine,
L'albumine en ligneux ; la féconde étamine
Cède au vent son pollen ; le pistil conducteur
Le transmet, par le style, au centre de la fleur ;
Et l'ovaire conçoit, et le fruit prend naissance !...
Que tes secrets sont grands, divine Providence !...
Le sage aimé des cieux te perçoit aisément ;
De tes vastes travaux il sent le fondement ;
Et, plongeant ses regards dans les plaines profondes
De l'océan d'éther où gravitent les mondes,
Au souffle tout-puissant de ta divinité,
Devant cet océan et cette immensité,
A vouloir te louer sans cesse il persévère,
Voit ta sagesse en tout, te sert et te révère,
Bénit à chaque instant les décrets éternels,
Et plaint l'aveuglement des insensés mortels

Dont l'esprit égaré ne peut pas te comprendre.

Ils ne veulent sur toi rien savoir, rien apprendre.

L'ardente soif de l'or fait leur religion,

Et la rente leur sert de révélation !...

.   .   .   .

.   .   .   .

COUSSIN.

CATÉCHISME

AGRICOLE

PREMIÈRE PARTIE.

ANALYSE DES TERRES.

—

PREMIÈRE LEÇON.

L'AGRICULTURE.

D. Qu'est-ce que l'agriculture ?
R. C'est l'ensemble des travaux appliqués à la terre, pour lui faire produire les substances de première nécessité.

D. En combien de parties divise-t-on l'agriculture ?
R. En quatorze parties ; savoir : l'agriculture proprement dite, l'agronomie, l'agrologie, la viticulture, l'horticulture, l'arboriculture, la sylviculture, la mycoculture, l'ornithoculture, l'apiculture, la sériciculture, la pisciculture, l'ostréiculture, la floriculture, et l'économie rurale et domestique.

D. Qu'est-ce que l'agriculture proprement dite ?
R. C'est l'art de soigner les prairies, d'élever les troupeaux, de cultiver les champs pour aviser à la multiplication des plantes, dont les unes servent de matière première à diverses industries, et les autres fournissent des aliments nécessaires à l'entretien des hommes et des animaux.

D. Qu'est-ce que l'agronomie ?
R. C'est la science qui a pour but de connaître les lois et les théories agricoles, d'étudier les quali-

1

tés physiques et chimiques du sol arable, les améliorations dont il est susceptible, la nature des engrais qui lui conviennent, le climat de la contrée, l'exposition des lieux, les plantations utiles, les semailles des diverses variétés de grains, les soins que réclament les plantes pendant leur croissance et après leur maturité, et enfin le choix des meilleurs instruments aratoires.

D. *Qu'est-ce que l'agrologie?*

R. C'est l'explication raisonnée des théories de l'agriculture, des phénomènes de la végétation, de tout ce qui concerne les travaux des champs, et la démonstration du rapport intime qui existe entre le sol, les engrais et les plantes.

D. *Qu'est-ce que la viticulture?*

R. C'est l'art de cultiver la vigne, de faire choix des cépages qui peuvent améliorer la qualité des vins, de connaître la plantation, la taille, les soins, le terrain, le climat, l'exposition des lieux qui lui conviennent, le moyen d'extraire le vin des raisins, et de le soigner quand il est dans les fûts.

D. *Qu'est-ce que l'horticulture?*

R. C'est la culture des jardins potagers, la production des végétaux comestibles, et celle des plantes qui font l'ornement de tous les lieux d'agrément.

D. *En quoi consiste l'arboriculture ?*

R. Dans la taille, l'entretien et la reproduction, par semis, drageons, boutures, marcottes et greffes, des végétaux arborescents, des arbres d'ornement, et principalement des arbres fruitiers qui peuplent nos jardins et nos vergers.

D. *Qu'est-ce que la sylviculture et la mycoculture?*

R. La sylviculture est l'art d'entretenir, de soigner et d'emménager les forêts, les bois et les bois taillis. La mycoculture consiste dans l'art de reproduire, de recueillir et de conserver les truffes et les champignons comestibles.

D. Qu'entendez-vous par ornithoculture ?

R. Les soins que les ménagères donnent aux oiseaux de l'ordre des gallinacées, à la volaille et aux autres animaux qui peuplent la basse-cour et le pigeonnier.

D. Dites-nous ce que c'est que l'apiculture ?

R. C'est la création, la disposition et l'entretien d'un rucher ou apier, l'éducation des abeilles, la fabrication des ruches et des chaperons, la récolte du miel et la production de la cire.

D. Qu'est-ce que la sériciculture ?

R. C'est l'éducation des vers-à-soie, la création, la disposition et l'entretien d'une magnanerie, la culture du mûrier, et la production des cocons et de la soie.

D. Qu'est-ce que la pisciculture ?

R. C'est l'art de peupler les eaux, d'y acclimater, multiplier, perfectionner et entretenir les diverses espèces de poissons qui servent à la nourriture de l'homme.

D. Qu'est-ce que l'ostréiculture ?

R. C'est l'art de reproduire, d'élever, de conserver et de perfectionner les huîtres dans des parcs, à l'aide de clayonnages fixés sur des fonds bien nettoyés.

D. Qu'est-ce que la floriculture ?

R. C'est l'art d'entretenir les parterres et les serres, de cultiver et perfectionner les plantes à fleurs, celles d'agrément et d'utilité.

D. Qu'entendez-vous par économie rurale ?

R. Tout ce qui se rapporte à l'organisation, à la direction et à l'exploitation d'une ferme, à la bonne disposition des bâtiments, à la destination du terrain, à l'exécution des travaux agricoles, et à l'écoulement des produits.

D. Qu'entendez-vous par économie domestique ?

R. L'ordre qui règne dans la conduite d'un ménage, qui règle les dépenses d'une maison, qui préside à la préparation et à la conservation des substances alimentaires, qui veille à la confection et à l'entretien des meubles, du linge, des habits, des ustensiles du ménage et des instruments aratoires.

D. *Quels sont les noms les plus usités en agriculture ?*

R. L'*agriculteur* exploite un domaine, le *cultivateur* travaille la terre, le *laboureur* laboure les champs, le *faucheur* coupe les foins, le *moissonneur* moissonne les blés, le *bouvier* conduit les bœufs, le *berger* garde les troupeaux, le *vacher* et le *laitier* soignent, traient les vaches et confectionnent le beurre et le fromage, l'*irrigateur* irrigue les prés, le *viticulteur* exploite la vigne, le *vigneron* la façonne et l'entretient, l'*horticulteur* et le *jardinier* travaillent les jardins, l'*arboriculteur* greffe et taille les arbres fruitiers, le *sylviculteur* et le *bûcheron* aménagent les forêts, l'*apiculteur* élève les abeilles, le *sériciculteur* et le *magnanier* soignent les magnaneries, le *pisciculteur*, l'*ostréiculteur* et le *pêcheur* exploitent les eaux, l'*ornithoculteur* élève les animaux de la basse-cour, le *fleuriste* ou le *floriculteur* cultivent les fleurs, le *pomologue* soigne, conserve et classe les fruits, le *mycologue* ou *mycoculteur* cultive les truffes et les champignons.

DEUXIÈME LEÇON.

LE SOL ARABLE.

D. *Sous combien de rapports considère-t-on le sol arable ?*

R. On le considère sous le rapport de sa constitution physique et sous le rapport de sa composition chimique.

D. *Quelles sont les matières qui entrent dans sa constitution physique ?*

R. Ce sont le sable, l'argile, la chaux, et l'humus. Selon que l'une des trois premières parties domine, le sol prend le nom de sablonneux, d'argileux ou de calcaire. Si les quatre parties sont dans des proportions bien convenables à la végétation des plantes, la terre arable prend alors le nom de terre franche. C'est cette terre que l'on trouve dans quelques plaines d'alluvion de nos vallées.

D. D'où provient la différence qui existe entre les parties constitutives du sol arable?

R. De ce que la terre végétale, étant le produit de la désagrégation des roches qu'elle recouvre, est toujours de la nature de ces mêmes roches, qui ont, à de faibles distances, des différences dans leur constitution. Ici, en effet, c'est le silex qui domine; là, c'est l'alumine; et plus loin, la chaux. La terre d'alluvion, provenant des transports faits par les eaux, est une exception à cette règle.

D. Comment s'opère la désagrégation des roches?

R. Par l'action de l'acide carbonique de l'air, de l'humidité, des gelées, de la chaleur, de la bêche et de la charrue. Une pierre, quelque dure qu'elle soit, a des fissures et des cavités pouvant contenir quelques molécules d'eau; cette eau, en se solidifiant par le froid, prend un plus grand volume, fait éclater les parties extérieures de la pierre, et les divise, quand viennent la chaleur et le dégel, en grains de sable, en poussière et en terre.

D. En quoi consiste la composition chimique du sol?

R. Dans la combinaison des parties physiques ou minérales avec les matières organiques, les oxydes, les acides, les sels, et les alcalis. Les principaux alcalis qu'on trouve dans la terre sont le carbone, l'azote, l'ammoniaque, la soude, la potasse, la chaux, la baryte, la strontiane, et la magnésie. Ces derniers corps ont la propriété de verdir le sirop de violette et la teinture de tournesol, de rougir le papier jaune de cur-

cuma, et de ramener au bleu les couleurs bleues végétales qui auraient été rougies par les acides.

D. *Combien distingue-t-on de terres en agriculture?*

R. On en distingue quatre principales, savoir : la terre franche, la terre forte ou argileuse, la terre sablonneuse ou siliceuse, et la terre calcaire.

D. *Qu'est-ce que la terre franche ?*

R. La terre franche est la terre d'alluvion, couvrant le fond des vallées. Sur 100 parties, elle contient en moyenne 50 à 60 parties de sable et de gravier, 25 à 30 parties d'alumine, 10 à 12 parties de chaux, 8 à 12 parties d'humus, quelques sels de fer, de phosphore, de potasse, etc. Elle est meuble, consistante, et pénétrable à l'eau.

D. *Quels sont les avantages que possède la terre franche ?*

R. Elle est la moins coûteuse en travail, et la plus productive en récolte. L'eau ne séjourne jamais à sa surface; les labours s'y donnent plus facilement et plus souvent; les semailles s'y font toujours dans de bonnes conditions; la végétation y est plus vigoureuse, et la maturité des récoltes s'y opère plus activement. L'agriculteur intelligent, désireux de transformer ses terres médiocres en terres meilleures, ne manquera pas de la prendre pour type dans l'amendement de ces terres.

D. *Qu'est-ce que la terre forte ou argileuse?*

R. C'est celle qui, sur 100 parties, renferme 50 à 80 parties d'argile, 5 à 12 parties d'humus, et une bien faible quantité de sable et de chaux. Elle a l'inconvénient de ne pas être pénétrable à l'eau, de se durcir considérablement pendant la sécheresse, au point que la charrue ne peut l'entamer. Durant la pluie, elle se colle aux instruments aratoires; on ne peut pas, on ne doit pas la remuer quand elle est trop sèche ou trop humide.

D. *L'imperméabilité du sol n'est-elle pas nuisible à la végétation ?*

R. Elle l'est, et beaucoup; car, durant les longues pluies, l'eau demeure stagnante à la surface et à l'intérieur du sol, et la constante humidité qu'elle y entretient donne naissance à des graminées qui étouffent les plus belles récoltes; de là vient la nécessité de niveler et de drainer les terres fortes et compactes, afin de donner une issue à l'eau et de rendre le sol propre à la culture des plantes.

D. *Qu'est-ce que la terre calcaire ?*

R. C'est celle qui, sur 100 parties, renferme 15 à 40 parties de chaux, et une quantité variable d'argile, de sable et d'humus. Plus la chaux s'y trouve au-dessus de 40 parties, plus cette terre est stérile; elle prend alors le nom de terre crayeuse, et ne devient propre à la végétation que par l'emploi des amendements et des engrais.

D. *Qu'est-ce que la terre sablonneuse ou siliceuse ?*

R. C'est celle qui, sur 100 parties, contient 60 à 95 parties de sable ou de gravier; le reste peut être de la chaux, de l'argile ou de l'humus. Cette terre couvre une immense étendue dans les landes de Gascogne, de Bordeaux, et sur le littoral de nos mers. On ne peut la bonifier que par la pratique du marnage et des fumures. La marne s'y trouve souvent dans les couches inférieures du sol ou dans les buttes calcaires avoisinantes.

D. *Quelles sont les autres variétés de terre végétale ?*

R. L'argile et le sable fin, sans le calcaire, donnent la glaise ou terre à brique; — l'argile et la chaux, la marne; — la chaux, le gravier et le sable, la terre sablo-calcaire; — l'argile, le gravier et le sable, la terre argilo-sablonneuse; — le gravier, la terre graveleuse; — le limon, la terre limoneuse; — le sable et l'argile, lorsque le sable domine, la terre de varène ou de boulbène; — le feldspath, le kaolin ou terre à porcelaine; — le granit, la terre granitique; — le schiste, la terre schisteuse; — le tuf, la

terre tufière; — le basalte, la terre basaltique, volcanique ou plutonique; — les sables et les plantes
mal décomposées, la terre tourbeuse, légère et acide,
connue des jardiniers sous le nom de terre de bruyère.
Elle peut contenir 50 à 80 parties de matières organiques.

D. *Qu'avez-vous à dire sur les couches du sol et du
sous-sol ?*

R. Le sol arable se divise en sol actif et en sol
inerte : le premier reçoit les labours et les influences
de l'atmosphère ; le second, de même nature que le
premier, n'est pas atteint par les cultures ; il ne peut
fournir d'aliment qu'aux arbres et aux plantes à racines pivotantes. Le sous-sol est placé entre la couche
végétale et la couche imperméable. Un sous-sol argileux convient aux terres légères, et un sous-sol sablonneux ou graveleux convient aux terres fortes et
compactes. La couche imperméable du sol est le tuf
ou la roche qui forme l'extérieur de la charpente de
la terre.

TROISIÈME LEÇON.

ANALYSE PHYSIQUE DU SOL.

D. *Peut-on connaître à l'œil les qualités d'une terre ?*

R. Oui, puisque toute terre meuble, consistante,
pénétrable à l'eau, brune, noire, jaune ou grise, est
toujours d'une excellente composition et propre à la
culture des plantes. Toute terre qui fait exception à
cette règle doit être modifiée par les amendements et
les engrais.

D. *Qu'est-ce qu'on entend par terre meuble ?*

R. Celle qui est assez défoncée, et dont la couche
végétale a plus de 60 centimètres de profondeur, pour
que les racines de toutes sortes de plantes puissent
s'y développer convenablement.

D. *Qu'entendez-vous par terre consistante ?*

R. C'est celle qui, par sa force, quoique assez friable, protége le pied des plantes contre les intempéries des saisons ou les variations de l'atmosphère, telles que : le vent qui les déracine, la pluie qui les déchausse, le froid qui les gèle, et la chaleur qui les tue.

D. *Qu'est-ce que la terre pénétrable à l'eau ?*

R. C'est celle qui, étant convenablement divisée par le sable ou le gravier, permet à l'eau, à l'air et à la chaleur d'arriver facilement jusqu'aux extrémités des racines des plantes pour dissoudre les engrais et l'humus et les faire tourner au profit de la végétation. Sur 100 kilogrammes de terre, le sable absorbe 25 kilogrammes d'eau; la glaise, 45 kilog.; l'argile, 70 kilog.; la terre calcaire, 85 kilog.; la terre de bruyère, 100 kilog.; le bon terreau, 190 kilog.; le carbonate de magnésie, plus de 400 kilog.

D. *Comment connaît-on la quantité d'eau que peut absorber une terre ?*

R. On prend 100 grammes de cette terre quand elle est parfaitement sèche, on lui fait ensuite absorber sur un plateau en porcelaine un peu incliné toute l'eau qu'elle peut retenir, et, dès que l'eau commence à couler au bas du plateau, on la pèse, et la différence qui existe entre les deux pesées est le poids de l'eau absorbée.

D. *D'où proviennent les différentes couleurs du sol ?*

R. D'une dose plus ou moins forte des minéraux, métaux ou métalloïdes, et des matières organiques qui entrent dans sa constitution physique et dans sa composition chimique. Les engrais, les terreaux et la tourbe donnent au sol la couleur noire; la silice, le quartz et la chaux en petite quantité, la couleur grise; l'oxyde de fer, la couleur rouge; le cuivre, la couleur verte; le mica, le soufre, l'ammoniaque et le fer, la couleur jaune; la chaux en trop grande quantité, la couleur blanche.

D. *A quelles marques reconnaît-on les terres légères ?*

R. Les terres schisteuses, tourbeuses, volcaniques, sablonneuses et granitiques se tassent par la pluie, se soulèvent par le froid, sèchent vite, s'échauffent facilement et se réduisent en poussière ; quand elles sont labourées, le vent les emporte facilement ; les eaux de pluie et celles provenant de la fonte des neiges les entraînent quand elles se trouvent sur le flanc des montagnes ou le penchant des coteaux.

D. *Comment reconnaît-on encore les diverses qualités de sol ?*

R. Par la présence des diverses plantes qui croissent à sa surface, soit qu'on les y cultive, soit que, par l'affection qu'elles portent à leur terrain de prédilection, elles y viennent d'elles-mêmes ; car la végétation de la flore spontanée nous apprend que les plantes ne croissent pas indifféremment dans toutes les terres : telle espèce préfère tel sol plutôt que tel autre ; et l'affection que les plantes ont pour le sol doit confirmer l'agriculteur dans l'appréciation qu'il peut faire à simple vue des diverses qualités du sol arable.

D. *Quelle est la flore spontanée du sol argileux ?*

R. C'est : le tussilage ou pas-d'âne, la laitue vireuse, l'yèble ou petit sureau, la chicorée sauvage, l'aristoloche commune, la clématite, l'orobe, le cysophile des vaches, les centaurées et l'agrosti-traçante. On y cultive : froment, avoine, orge, pois, fève, colza, luzerne, trèfle, vesce, betterave, ray-grass, gesse, jarosse et chou.

D. *Quelle est la flore spontanée du sol argilo-calcaire ?*

R. C'est : l'anthylide vulnéraire, la potentille-anserine, la mélique bleue, les prêles, la laitue vivace, la brunelle à grandes fleurs, les plantains, les ronces, la bocage-saxifrage, les lotiers, la scabieuse des prés, les chardons et la carline. On y cultive avec succès : froment, avoine, orge, sarrasin, pois, fève, vesce, chou, navet, chanvre, lin, pavot, maïs, lentille, vigne, colza, garance, tabac, luzerne, trèfle, sainfoin, lupuline, gaude, spergule et navette.

D. Quelle est la flore spontanée du terrain calcaire ?

R. C'est : la potentille printanière, l'anonis bugrane ou arrête-bœuf, la germendrée, le chardon-marie, le genièvre commun, la globulaire commune, l'euphaise à fleur jaune. On y cultive, avec des engrais : froment, avoine, seigle, orge, haricot, pois chiche, lentille, vigne, rave, navet, colza, lupuline, pimprenelle, gaude, spergule, pommes de terre, etc.

D. Quelle est la flore spontanée du terrain sablonneux ?

R. C'est : l'élyme, la stative, le roseau, l'ajonc, l'immortelle, l'œillet, l'anémone pulsatille, le plantain corne de cerf, le pin maritime, le châtaignier, le serpolet, le thym, la sauge, la menthe, l'origau. On y cultive, à force d'engrais : le seigle, l'avoine, l'orge, le sarrasin, les pois, le maïs, le millet, le chanvre, le lin, la garance, le houblon, la pomme de terre, le topinambour, la betterave, la rave, le navet, etc.

D. Quelle est la flore spontanée des terres à potasse ?

R. C'est : l'anserine, la pariétaire, la mercuriale, la scrofulaire, la saponaire, la valériane, la camomille, le bouillon blanc, la jusquiame, la calcédoine, la patience, les orties et la bourrache. On y cultive les mêmes plantes que dans les terres argilo-calcaires.

D. Quelle est la flore spontanée des terres volcaniques, tourbeuses, schisteuses, légères et acides ?

R. C'est : la bruyère, la fougère, la digitale, la guimauve, l'astragale, la gentiane, l'airelle ou *vaccinum myrtillus*, le pissenlit, le genêt, le bouleau, le sapin, le mélèze, le tilleul, le frêne, le hêtre, le foyard, l'érable, le noisetier, l'oseille rouge, le poil-de-bouc ou *festuca*, l'anémone, le myosotis, etc. On y cultive : le seigle, l'avoine, le sarrasin, le chanvre, le lin, les choux, les pois, les raves et les pommes de terre.

D. Quelle est la flore spontanée des marais tour-
beux toujours acides ?

R. C'est : la linaigrette, la petite oseille, les joncs,
les laîches, les carex, les iris, les nymphéas, les roseaux, le plantain d'eau, la mousse connue sous le
nom de sphaigne, la renoncule, le saule, l'osier,
l'aulne ou vergne, etc. Ces terres, drainées, sont
propres à la culture du chanvre et de l'avoine, mais
il est plus avantageux de les convertir en prairies
naturelles.

QUATRIÈME LEÇON.

ANALYSE CHIMIQUE DU SOL ARABLE.

D. Quelles connaissances doit posséder l'agriculteur
sur la chimie agricole ?

R. L'agriculteur, par une analyse complète, doit
savoir trouver approximativement les quantités de
chaux, de sable, d'argile et d'humus contenues dans
la terre végétale qu'il exploite, et, par de simples
essais, s'assurer si cette terre est acide, alcaline, ou
si elle contient tout autre sel, afin d'employer utile-
ment ses engrais, et de ne pas faire de fausses opérations.

D. Comment peut-il trouver l'humus d'une terre ?

R. Il prend une certaine quantité de terre dans la
couche du sol actif, qu'il fait sécher au four ; il en
pèse 100 grammes qu'il calcine dans un creuset, sur
un fourneau, jusqu'au rouge blanc ; dans cet état
d'incandescence, toutes les matières organiques se
volatilisent ; il laisse refroidir, il pèse de nouveau, et
la différence qui existe entre ces deux pesées est le
poids de l'humus contenu dans cette terre.

D. Comment détermine-t-il la quantité de chaux ?

R. Il prend les résidus de l'opération précédente
pour les laver à l'acide chlorhydrique étendu d'eau,

jusqu'à ce qu'il n'y ait plus d'effervescence ; il laisse déposer l'argile au fond du vase, il décante ; l'eau entraîne la chaux qui se trouve en parfaite dissolution à l'état de chlorhydrate de chaux ; il fait sécher les résidus, il pèse, et la différence des deux dernières pesées est le poids de la chaux contenue dans cette terre.

D. La chaux est-elle toujours à l'état libre dans la terre ?

R. Non. Tantôt elle est liée à l'acide sulfurique pour constituer le sulfate de chaux, connu, en minéralogie et dans le commerce, sous le nom de gypse ou plâtre cru ; tantôt liée à 40 pour cent d'acide carbonique pour constituer le marbre, la pierre à chaux et la craie blanche ou blanc d'Espagne ; ou bien à soixante parties d'eau sur cent. La calcination débarrasse la chaux de toute l'eau qu'elle peut contenir et la rend caustique.

D. Comment trouve-t-il la quantité d'argile ?

R. Il prend de nouveau 100 grammes de la même terre séchée au four, qu'il lave à l'eau claire, en décantant à chaque lévigation jusqu'à ce qu'elle sorte limpide, mais en ayant soin, avant chaque décantation, de laisser déposer le sable au fond du vase. Toute l'argile et les matières solubles ayant été entraînées par l'eau, il ne reste plus que le sable et le gravier ; il les fait sécher, il les pèse, et la différence est le poids de l'argile, plus celui de l'humus et de la chaux trouvé dans les opérations précédentes.

D. Comment détermine-t-il le poids du sable et celui du gravier ?

R. Il tamise les résidus de la dernière opération sur une toile dont les mailles sont séparées de 2 millimètres ; le sable passe dessous, et le gravier reste dessus. Pour connaître la dose de calcaire contenue dans ce sable ou ce gravier, il en pulvérise quelques grammes avec un marteau, il lave cette poudre à l'acide chlorhydrique étendu d'eau jusqu'à ce qu'il n'y ait plus d'effervescence; et si elle se dissout totalement, c'est une preuve que ce sable est du calcaire pur.

D. *Comment trouve-t-il la présence du fer dans la terre ?*

R. Il fait bouillir, dans un matras, un peu de cette terre avec de l'acide sulfurique étendu d'eau; il laisse refroidir, ensuite il ajoute un peu d'eau, puis il filtre; quelques gouttes d'ammoniaque, versées dans la liqueur, donnent un précipité jaune qui n'est autre chose que l'oxyde de fer; le prussiate de potasse donne une coloration d'un beau bleu, et le tannin une coloration noire.

D. *A quoi connaît-il la présence du phosphore ?*

R. Il fait bouillir pendant quelques minutes, dans un matras, un peu de terre avec de l'acide nitrique étendu d'eau; il filtre, il fait évaporer ensuite au bain-marie jusqu'à siccité, puis il ajoute 4 ou 5 grammes d'esprit de vin et quelques gouttes d'acide nitrique; un moment après il filtre de nouveau, et, si l'acétate de plomb liquide versé dans la liqueur obtenue détermine un précipité immédiat, c'est la preuve que cette terre contient du phosphore.

D. *Comment s'assure-t-il de la présence du nitrate de potasse ?*

R. Il délaie une certaine quantité de terre dans de l'eau; quelque temps après, il décante, il filtre et fait évaporer au bain-marie jusqu'à siccité; et, si le résidu fuse sur du charbon ardent, c'est la preuve que cette terre contient du salpêtre, connu dans le commerce sous le nom de nitrate de potasse.

D. *Comment connaîtra-t-il la présence de l'ammoniaque ?*

R. Il mettra un peu de terre, avec de la lessive des blanchisseuses, dans un matras; il suspendra, par un fil, un disque de papier bleu rougi par un acide dans le goulot de ce matras; il chauffera ensuite jusqu'à l'ébullition; et si, pendant cette opération, le disque de papier revient au bleu, il aura acquis la certitude que cette terre contient de l'ammoniaque.

D. *Comment s'assure-t-il qu'une terre est acide, alcaline ou neutre?*

R. Il en délaie un peu dans de l'eau, de manière à former une espèce de boue, et, plus cette terre est acide, plus elle rougit les papiers de couleurs bleues végétales, et les infusions de violette et de tournesol. La terre alcaline, ainsi délayée, a la propriété de verdir le sirop de violette, de rougir le papier jaune de curcuma, et de ramener au bleu les couleurs bleues végétales rougies par les acides. La terre neutre ne donne lieu à aucune de ces réactions.

D. *Comment constate-t-il la présence du plâtre?*

R. Il fait bouillir dans de l'eau un peu de terre calcaire, il filtre après refroidissement; si quelques gouttes de chlorure de barium ou d'oxalate d'ammoniaque troublent la liqueur, et que ce trouble ne disparaisse pas par l'addition d'un peu d'acide nitrique, il peut être certain que la roche ou la terre analysée contient du plâtre.

D. *Quels sont les corps gras contenus dans la terre?*

R. Ce sont les huiles de pétrole, de naphte et d'asphalte, le bitume, l'ambre, et le copal fossile.

CINQUIÈME LEÇON.

ÉTUDE DU SOL ARABLE.

D. *Qu'est-ce que l'amendement des terres?*

R. C'est une des plus importantes parties de la science agricole : l'amendement rend le sol le plus ingrat et le plus médiocre aussi riche et aussi productif que les terres d'alluvion couvrant les fertiles vallées qui avoisinent les montagnes, et que l'on connaît, en agriculture, sous le nom de terres franches.

D. *En quoi consiste l'amendement des terres ?*

R. A mettre une juste proportion dans les éléments minéralogiques qui forment la couche du sol arable. Le mélange, sagement combiné, du sable, de l'argile, de la chaux ou de leurs composés, procure au sol les bonnes qualités qui lui manquent, et le rendent pro- ductif jusqu'au suprême degré ; car une terre qui pèche par le manque d'une ou de plusieurs de ces parties constituantes est peu apte à la végétation ; qu'on lui fournisse ces parties par les amendements, c'est-à-dire, qu'on la divise si elle est trop forte, qu'on la resserre si elle est trop poreuse et trop légère, et l'on ne tarde pas à s'apercevoir des heureux résultats de cette modification.

D. *Pourquoi cela ?*

R. Parce que les terres glaises, fortes et argileuses, divisées par le sable, deviennent légères, aérées, pé- nétrables à l'eau, faciles à s'essuyer, à s'échauffer et à être labourées ; les terres légères et poreuses, quand elles sont resserrées par des matières liantes et grasses, sont plus consistantes, craignent moins le vent, le froid, la chaleur et la pluie. Les unes et les autres sont alors totalement transformées ; elles de- viennent analogues à la terre franche, susceptibles de recevoir de fréquents et profonds labours, d'absorber l'eau nécessaire à la végétation des plantes, et d'en laisser écouler le surplus ; les semences s'y font tou- jours dans de bonnes conditions, les succès y sont plus certains, la végétation plus vigoureuse, la ma- turité plus active, et le rendement des récoltes plus abondant.

D. *Quelles sont les substances amendantes ?*

R. Ce sont : les sables, les graviers, la pouzzolane, les gravois, le mâchefer, les coquillages, le falun, la marne grasse, la marne maigre, la boue des fossés et des chemins, et enfin toutes les opérations qui peuvent modifier la nature et la qualité du sol : comme le chaulage, le plâtrage, l'écobuage, le drai-

nage, les labours, le défoncement, les fumures ou
abonnement, et l'irrigation, puisqu'elles agissent mé-
caniquement et chimiquement sur le sol.

D. *Qu'est-ce que le sable et le gravier ?*

R. Ce sont des substances minérales et inorganiques réduites en petits grains provenant de la désagrégation extérieure des roches formant la charpente
de la terre, que les eaux ont roulés du haut des montagnes, et entassés par couches épaisses dans les terrains d'alluvion, sur le bord des rivières et des mers.
Les graviers, un peu plus gros que le sable ordinaire,
se trouvent mêlés aux cailloux et aux galets charriés
par les eaux, ou au pied des roches nues que les intempéries de l'atmosphère désagrégent peu à peu. Le
sable siliceux est le plus abondant de tous ; c'est ce
qui a fait donner aux terres sablonneuses le nom de
terres siliceuses.

D. *Qu'est-ce que la pouzzolane ?*

R. C'est un ciment naturel, provenant des scories
et des laves pulvérulentes des volcans éteints ; on la
trouve sous forme de poussière ou de sable ; sa couleur est grise, noire ou rouge. Pour l'amendement
des terres, on n'emploie que la pouzzolane en grains.

D. *Qu'est-ce qu'on entend par gravois ?*

R. Tous les débris des démolitions, tels que : le
sable, la chaux et les cailloux provenant du mortier ;
le plâtre des plafonds, la suie des cheminées, les
cendres des foyers, des fours, des fourneaux et des
verreries, les débris des tuiles, la poussière des balayures, le son, les copeaux de bois, etc.

D. *Qu'est-ce que la marne grasse ou chaux hydraulique ?*

R. C'est un mélange d'argile et de cinquante à
quatre-vingts parties de chaux grasse, de couleur
blanche, bleue, verte ou grise, contenant des sous-
hydrates de silice, d'alumine et de magnésie, des
hydrates de fer, des silicates d'alumine et de chaux,
des carbonates de chaux et de magnésie, ainsi que

2

des matières organiques. On reconnaît que la marne
contient de la magnésie lorsque l'eau qui l'a lavée
reste longtemps laiteuse à la surface du sol.

D. *Qu'est-ce que la marne maigre ou sablonneuse ?*
R. C'est la pierre à chaux, de consistance solide,
qui s'émiette à l'air libre, au froid et à la pluie ; ou
bien un mélange contenant un peu d'argile, de quinze
à cinquante parties de chaux et de trente à soixante-
quinze parties de sable. Les marnes ont la propriété
de se déliter à l'humidité et à l'air libre, comme la
chaux. Plus elles font effervescence dans un fort vi-
naigre, plus elles renferment de chaux.

D. *Qu'entendez-vous par escarbille ou mâchefer ?*
R. Un mélange des cendres et des scories provenant de la combustion du coke, du charbon de bois et
du charbon de terre, que l'on recueille dans les dépôts des gares, dans les foyers de forges, des hauts-
fourneaux et des verreries.

D. *Qu'est-ce que les coquillages marins et terrestres?*
R. Ce sont les enveloppes solides des mollusques
testacés, tels que les tortues, les huîtres, les pé-
toncles, les moules, les limaçons, etc. ; les écailles
des reptiles et la coque des œufs, lesquelles renferment du carbonate, du phosphate de chaux, de
l'oxyde de fer, des silicates d'alumine et autres, des
matières organiques fort riches en azote, et bien
d'autres sels marins. On ne doit les employer, dans
l'amendement des terres, qu'après les avoir écrasés
sous des meules.

D. *Qu'est-ce qu'on entend par falunières ?*
R. Les amas de coquillages fossiles provenant de
la dépouille des animaux terrestres et marins qui vé-
curent avant les dernières dislocations de l'écorce
terrestre, et dont les principaux gisements se trouvent, en France, dans les départements des Landes,
de la Gironde, d'Indre-et-Loire, de la Loire-Infé-
rieure et de Maine-et-Loire.

D. *Dans quel ordre trouve-t-on ces dépouilles dans la terre ?*

R. Le terrain diluvien renferme les dépouilles des mastodontes, des ours, des hyènes et des rhinocéros ; le terrain tertiaire, celles des vinos, des huîtres, des oursins, des crustacés et des polypiers ; le terrain secondaire, celles des ammonites, des poissons et des plantes ; le terrain de transition ne renferme que celles des ammonites et des plantes.

SIXIÈME LEÇON.

EMPLOI DES AMENDEMENTS.

D. *Comment procède-t-on à l'amendement des terres ?*

R. On analyse d'abord la terre que l'on veut amender, afin de connaître approximativement la quantité de chacune de ses parties constituantes, et de lui fournir les diverses parties qui lui manquent, durant la morte-saison et les beaux jours de l'hiver, quand le sol est sec ou durci par les gelées, et toujours par les moyens les plus économiques.

D. *Quels sont les amendements propres aux terres fortes ?*

R. Ces terres froides, humides, plus ou moins compactes, retiennent l'eau à la surface et à l'intérieur, la laissent aller difficilement, et durcissent par la sécheresse, au point qu'on ne peut les labourer ; elles ont besoin d'être divisées par le sable, par le gravier, les cailloux, la pouzzolane en grains, le mâchefer, les gravois, la marne maigre, et les coquillages broyés.

D. *Quels sont les amendements propres aux terres légères ?*

R. Ces terres trop poreuses, peu consistantes, sujettes à la sécheresse, au froid, et trop pénétrables à l'eau et à l'air, ont besoin d'être resserrées par des matières grasses et liantes, telles que la boue des chemins, le limon des fossés, la vase des rivières et des marais, l'argile pure, la marne grasse, le plâtre, les terreaux gras, et les fumiers froids.

D. Quels sont les amendements propres aux terres calcaires ?

R. Ces terres, par rapport à leur couleur blanche, s'échauffent difficilement, conservent l'eau à l'intérieur, et forment, après les pluies, une croûte à leur surface; elles veulent être amendées avec du sable, de l'argile, des fumiers acides, des fumures en couverture avec des terreaux noirs, de la tourbe, du mâchefer, de la suie, de la poussière de charbon, du noir animal, du guano et de la poudrette. Ces dernières matières font merveille dans les années pluvieuses.

D. Quels sont les amendements les plus économiques ?

R. Ce sont ceux dont l'extraction est facile, le transport peu coûteux, qui se trouvent à proximité des champs à amender, quelquefois même dans les couches inférieures du sol, d'où on peut les extraire en pratiquant des puits. On rend ces amendements plus efficaces en les arrosant, avant de les employer, avec le purin, de manière à former une espèce d'urate qui sert à la fois d'amendement et d'engrais, et conserve longtemps son principe fertilisant.

D. Que doit-on observer en pratiquant les amendements ?

R. On ne doit faire ces travaux qu'au fur et à mesure que les moyens le permettent, et dès qu'on connaît les parties constituantes du sol et les propriétés des matières qui doivent l'amender, afin d'unir la pratique à la science, le progrès à la prudence, et de ne pas agir légèrement ni au hasard, en s'exposant à faire un travail inutile et peut-être nuisible : comme, par exemple, de porter des amendements, des terreaux et des engrais acides dans une terre acide, et *vice versâ.* L'agriculteur qui ne possède aucune connaissance sur la chimie agricole doit s'adresser au pharmacien de la localité, etc., pour faire faire ces analyses.

D. Comment se pratique le marnage des terres?

R. On porte, en quantité suffisante pour répondre au besoin du sol, la marne grasse sur les terres légères et siliceuses, la marne maigre sur les terres tourbeuses, les terres glaises et celles qui ne renferment pas 3 p. 100 de carbonate de chaux. Quand elles sont bien délitées, on les stratifie avec du gazon, du fumier, des végétaux, et l'on arrose le tout avec le purin, la lessive, les eaux de vaisselle et des vases de nuit; on étend ce compost sur le sol quelques jours avant de donner les labours, afin qu'il ait le temps de s'essorer. Le marnage donne de la consistance aux terres légères, divise et délite complètement les terres fortes, s'emploie concurremment avec les engrais, et se renouvelle tous les dix ou douze ans, quand les plantes acides reparaissent.

D. Comment procède-t-on dans le chaulage des terres?

R. On porte de 25 à 50 hectolitres de chaux vive par hectare, on la dispose en petits tas, à 2 ou 3 mètres de distance, on la recouvre légèrement de terre, on ferme les crevasses qui se forment; et dès qu'elle est éteinte, et qu'elle a absorbé assez d'humidité pour se déliter et tomber en poussière, on la répand avec égalité sur le sol, par un temps bien sec, et quelques jours avant de commencer les labours. Les terres glaises, schisteuses, siliceuses, granitiques, volcaniques et tourbeuses veulent être chaulées tous les huit ou dix ans; la chaux fait disparaître les plantes acides, et les remplace par le petit trèfle et autres herbes nutritives. Le chaulage s'emploie concurremment avec les fumures.

D. Pourquoi la chaux est-elle si efficace sur la tourbe?

R. Parce qu'elle active la décomposition des tissus

organiques qui s'y trouvent; elle attaque aussi les
minéraux du sous-sol, les rend plus solubles et les
fait tourner au profit des récoltes. L'eau de pluie fournit annuellement à la végétation 20 à 30 kilogrammes
de chaux par hectare; cela nous explique pourquoi
l'on trouve du calcaire dans les plantes, alors que le
sol qui les a produites n'en renferme pas.

D. Comment procède-t-on au plâtrage des récoltes?

R. Quand les gelées du printemps ne sont plus à
craindre, et que les jeunes plantes sont imprégnées
de la rosée du matin, ou par une douce pluie, on répand à la volée deux hectolitres de plâtre cuit réduit
en poudre sur chaque hectare de terrain.

D. Comment pratique-t-on l'écobuage?

R. A l'aide d'un hoyau à large tranchant, on enlève
des bandes de terre gazonnée que l'on dispose en
cônes pyramidaux pour faire sécher au soleil, et que
l'on amoncèle ensuite sur des tas de bruyères ou de
genêts pour les faire brûler; on répand ces cendres
et on les égalise bien sur le sol un ou deux jours avant
les semailles.

*D. Quels sont les avantages qui résultent de l'éco-
buage?*

R. Ce sont : le défrichement des landes à peu de
frais, l'ameublissement des terres compactes, la destruction des œufs et des larves des insectes, et celle
des graines et des racines des plantes nuisibles aux
récoltes. La potasse résultant du ratissage neutralise
l'acidité des terres froides et acides, lesquelles veulent être écobuées ou essartées tous les six, tous les
huit ou tous les dix ans.

*D. Que doit-on observer dans la pratique de l'éco-
buage?*

R. Les terres écobuées qu'on laisse reposer sur la
cendre après en avoir levé la première récolte, ne
donnent pas d'herbe; elles se couvrent de fougères,
de mousses, de bruyères, de ronces, et deviennent
stériles; mais, si, après la première récolte levée,

on leur donne des labours, une forte fumure et une
seconde récolte, ces terres se couvrent ensuite d'une
belle verdure, produisent une herbe fine, savoureuse,
nutritive et recherchée des animaux. Il ne faut donc
recourir à l'écobuage que tout autant que l'on dispose
d'une suffisante quantité de fumier pour bonifier le
champ, et ne pas le laisser reposer sur la cendre.

SEPTIÈME LEÇON.

DRAINAGE.

D. *Qu'est-ce que le drainage?*
R. C'est l'art d'assainir les terres fortes, compactes, froides et humides, de dessécher les terres
marécageuses, et de rafraîchir les terres chaudes et
légères, en abaissant le niveau des eaux stagnantes
qui dorment à la surface ou à l'intérieur du sol, par
l'ouverture de tranchées, au fond desquelles on pose
des tuyaux en terre cuite appelés drains.

D. *Quelles sont la forme et la dimension des drains?*
R. Ces tuyaux sont de forme cylindrique ; leur
longueur varie de 40 à 50 centimètres ; leur diamètre, proportionnellement à la quantité d'eau qu'ils
doivent recevoir, doit être en rapport avec l'eau qui
tombe dans la contrée, avec celle qui arrive par infiltration des terrains supérieurs ou avec les sources que
peuvent produire les couches inférieures du sol. Ce
diamètre varie entre 3 et 20 centimètres : c'est ce qui
fait classer les drains en plusieurs ordres ou sec-
tions, dont les plus petits forment le premier, ainsi
de suite.

D. *Comment procède-t-on à l'ouverture des tranchées?*
R. Après les études préliminaires, telles que le
nivellement du sol et le tracé des drains, le premier
ouvrier, armé d'une pelle-bêche, commence la tran-

chée à la partie inférieure du terrain, en allant à re-
culons, et en jetant la terre à sa droite ; le second
ouvrier, armé de la pioche et de la pelle, jette la
terre des fouilles sur le côté opposé ; le troisième
ouvrier, armé d'une drague ronde ou escopette, achève
de creuser la tranchée sans y descendre.

D. *Comment doit-on construire ces tranchées ?*

R. Leur pente ne doit pas être moindre de 1 millimètre par mètre, ni cependant trop rapide. Leur profondeur varie entre 80 centimètres et 1 mètre 30 centimètres ; dans le sol léger à sous-sol argileux, et
dans le sol argileux à sous-sol perméable, elle va
jusqu'à la couche du sous-sol, ou bien on pratique
des trous de sondage de distance en distance, le long
des tranchées, pour faire passer l'eau de ces dernières dans le sous-sol, et *vice versâ*. L'ouverture des
tranchées est en raison de la profondeur et des sec-
tions des drains ; leur écartement est de 4 à 6 mètres
dans les terres imperméables, de 8 à 10 mètres dans
les terres perméables, et de 12 à 15 mètres dans les
terres trop poreuses.

D. *Comment procède-t-on à la pose des drains ?*

R. On prend les drains au bout d'une broche, on
les pose solidement bout à bout, au fond de la tranchée, de manière à ce que le bout, dégarni de collier,
s'emboîte parfaitement dans le bout qui en est pourvu,
afin que la terre ou tout autre corps ne puisse s'introduire dans les drains. Au raccordement des tranchées, on place un drain plus épais que les autres,
ayant une ouverture sur le côté où vient s'emboîter le
drain de la tranchée latérale ; ou bien encore, on
emploie un tuyau portant deux bifurcations garnies
de colliers fixes, dans lesquels viennent s'emboîter
les drains qui terminent les deux lignes supérieures.

D. *Comment procède-t-on sur un terrain en pente ?*

R. Quand l'inclinaison est régulière et pas trop
forte, on ouvre les tranchées dans le sens de la
pente, pour que l'égouttement soit parfait dans les

couches de suintement ; si la pente est trop rapide, on fait dévier les tranchées vers l'amont de la vallée, en leur conservant le parallélisme, une pente douce et régulière et un peu moins d'écartement ; si le terrain offre plusieurs surfaces planes, on les dispose en autant de divisions qu'il y a de surfaces ; on établit un système de drainage pour chacune d'elles, en raccordant les bouches des drains secondaires avec le drain principal qui suit toujours la déclivité du terrain, dans sa partie la plus basse.

D. *Comment opère-t-on sur un terrain horizontal ?*
R. On trace dans la plaine des fossés de décharge parallèles, à chaque kilomètre de distance, de 1 mètre 50 centimètres de profondeur, où viennent aboutir perpendiculairement les tranchées latérales, lesquelles ayant 1 millimètre de pente par mètre se prolongent jusqu'au milieu du rectangle formé par les fossés de décharge ; quand ce terrain est submersible par les marées, on garnit les fossés de portes de flot, se fermant pendant les hautes marées et s'ouvrant aux basses marées pour laisser écouler les eaux. On pratique l'irrigation intérieure dans ce terrain en ouvrant ou en fermant à volonté les portes de flot et les écluses placées au bout des fossés de décharge. Quand l'eau ne peut s'écouler d'aucun côté, comme dans la Sologne et les Landes, on construit des puits absorbants si le sous-sol est perméable, ou bien on creuse un vaste canal au milieu de la plaine pour y faire aboutir les fossés de décharge.

D. *Qu'appelle-t-on bouches et regards dans le drainage ?*
R. Les bouches de drains sont les tuyaux qui débouchent dans les fossés de décharge, elles sont garnies de grilles en fer pour empêche l'introduction des rats, taupes et grenouilles, ainsi que des feuilles, des branches et des herbes qui nagent à la surface de l'eau ; on en réduit le nombre autant que possible, afin de faciliter la surveillance et de diminuer les

dépenses. Les regards sont des ouvertures que l'on ménage à la jonction des drains pour s'assurer que l'écoulement des eaux n'a pas d'obstacles.

D. *Quels sont les effets du drainage sur les terres?*

R. Le drainage assainit, ameublit, aère et échauffe les terres fortes, argileuses, glaises, tourbeuses, schisteuses et calcaires généralement humides, compactes et froides; il humecte et rafraîchit les terres siliceuses, granitiques, graveleuses et volcaniques, généralement sèches et chaudes; il remplace les fossés ouverts, fait disparaître les pertes du terrain et la gêne qu'ils occasionnent, facilite les labours et les cultures, favorise la production des plantes, augmente considérablement le revenu du terrain et la valeur de la propriété; remplace les mauvaises herbes par des fourrages fins, nutritifs, savoureux et abondants; améliore et perfectionne les races des animaux; rend l'atmosphère plus salubre aux hommes, aux animaux et aux plantes; produit des céréales fort belles, des grains très-abondants, mieux nourris et plus lourds.

D. *Pourquoi le drainage peut-il rafraîchir ou échauffer le sol?*

R. Le niveau de l'eau étant alors dans les couches inférieures du terrain, la transpiration du sol appelle l'eau fraîche dans la couche supérieure et la rafraîchit; d'un autre côté, l'eau de pluie étant généralement plus chaude en été que la température du sol, y pénètre rapidement pour atteindre le niveau de l'eau, entraîne après elle un air plus chaud encore, et laisse pénétrer plus avant le calorique développé par les rayons solaires.

D. *Pourquoi le drainage agit-il sur la salubrité et la prospérité d'une contrée?*

R. Le drainage pratiqué sur une grande échelle, en favorisant le mouvement de va-et-vient dans les canaux souterrains entre les eaux de pluie, d'irrigation et celle du sous-sol, tient constamment en dissolution les matières nutritives et les fait tourner au profit de la végétation, modifie la chaleur, l'humidité du sol et la décomposition des matières organiques; les émanations miasmatiques n'ayant plus raison d'être, les maladies disparaissent, la population augmente, et l'agriculture prospère.

D. *Pourquoi les bonnes herbes prennent-elles la place des mauvaises dans le terrain drainé ?*

R. Parce que l'eau stagnante tue la plante et que l'eau courante la vivifie; l'eau ne fait que passer dans le terrain drainé pour dissoudre les engrais et les servir aux racines des plantes, au lieu de les asphyxier par un trop long séjour, comme cela a lieu dans le sol marécageux où aucune plante de bonne qualité ne peut vivre.

HUITIÈME LEÇON.

LABOUR ET PRÉPARATION DES TERRES.

D. *Qu'est-ce que les labours ?*

R. C'est l'art d'ouvrir, de remuer, de soulever et de retourner la terre végétale, à l'aide de la charrue, de l'araire, du trident et de la pioche, afin de la diviser, de la mélanger avec les amendements et les engrais, de la nettoyer de toutes les mauvaises herbes, de l'exposer aux actions bienfaisantes de l'atmosphère pour l'ameublir, l'améliorer, la vivifier, la rendre propre à recevoir les semences, et à faciliter l'extension des racines et des chevelus, et l'absorption par ces derniers des sucs nutritifs répandus dans le sol.

D. *Par quel temps doit-on labourer les terres fortes ?*

R. Les terres fortes, argileuses, glaises, argilo-schisteuses, argilo-siliceuses, argilo-calcaires veulent être labourées pendant les beaux jours de l'au-

tomne et de l'hiver, quand elles ne sont ni trop sèches,
ni trop humides. L'eau dont elles s'imprègnent après
coup, se congelant par le froid, se dilate, prend un
plus grand volume, et divise les mottes à l'infini, les
émiette, les ameublit, en les enrichissant des principes fertilisants de l'atmosphère.

D. *Quand doit-on labourer les terres légères ?*

R. Les terres calcaires, siliceuses, granitiques,
graveleuses et sablo-calcaires gagnent à être labourées avec la pluie ou pendant qu'elles sont un peu
humides; les terres franches, de bruyère, tourbeuses
et volcaniques veulent être labourées par un beau
temps.

D. *Combien donne-t-on de labours entre deux récoltes ?*

R. Pour les jachères, on donne le labour de déchaumage, le labour préparatoire, et le labour de
semence. Par la méthode des assolements, un seul
labour, donné immédiatement après la récolte levée,
suffit pour couvrir le fumier; on sème dessus, et on
recouvre la semence par un fort hersage; de cette
manière, on diminue le travail et les dépenses d'une
ferme, pour en augmenter considérablement les produits.

D. *Quelles doivent être les préoccupations du laboureur ?*

R. C'est de faire choix de la charrue ou de l'araire
la plus propre à la nature et à la disposition de ses
terres; de connaître le degré de sécheresse que le sol
doit avoir, la force de ses attelages, l'action qu'il doit
exercer sur le mancheron de la charrue pour en régler
la marche et déterminer au juste la bande de terre
qu'il doit enlever à chaque sillon. Quant à la profondeur du sillon, elle est proportionnée à la largeur
qu'on lui donne, et sa grandeur varie selon le genre
de labour, la nature du sol et la force des attelages.

D. *Comment donne-t-on les labours ?*

R. Dans le terrain incliné, on laboure avec l'araire

ou la charrue tourne-oreille, en travers de la pente ; dans les terres fortes et en plaine, on laboure dans le sens de la pente, afin de viser à l'écoulement des eaux ; dans les terres légères, on laboure en planches assez larges ; et dans les terres drainées, on laboure tout simplement à plat. Ce genre de labour est le plus économique et le plus avantageux, en ce qu'il demande moins de travail, facilite le hersage, la répartition des engrais et des semences, le fauchage des récoltes et le passage des chars d'exploitation.

D. *Combien de formes peut-on donner aux sillons ?*
R. Quand la bande de terre reste relevée et perpendiculaire au sol, le sillon prend alors le nom de *sillon droit ;* il convient aux terres calcaires et tourbeuses. Quand cette bande se repose sur la bande précédente, le sillon est dit *incliné ;* il convient aux terres fortes, en ce qu'il en favorise l'aération et l'essoration par l'exposition d'une plus grande surface aux influences atmosphériques ; il donne plus de prise aux dents de la herse, et facilite l'ameublissement. Quand la bande de terre tombe sens dessus dessous, le sillon est *plat,* et convient aux terres légères.

D. *Quelle doit être la profondeur des sillons ?*
R. Pour la terre forte et la terre franche, elle doit être de 40 centimètres ; pour les terres légères, de 20 centimètres, à moins qu'on ne veuille y cultiver des plantes à racines pivotantes. Les labours préparatoires et ceux qui doivent enfouir les fumiers sont toujours plus profonds que ceux que l'on donne pour le déchaumage ou pour recouvrir les semences.

D. *Comment procède-t-on au défonçage du sol ?*
R. On attelle quatre bœufs ou six chevaux à une défonceuse, et on laboure comme d'habitude jusqu'à 60 centimètres et plus de profondeur ; lorsque la couche inerte ou terre inférieure est de mauvaise qualité, on laboure avec une charrue ordinaire, à versoir hélicoïde, et l'on fait suivre le sillon par la fouilleuse ou l'araire dépourvue de son versoir. Les

défonçages à la pioche sont les plus coûteux, mais les mieux exécutés et les plus certains.

D. Pourquoi employer la fouilleuse dans le sol médiocre ?

R. C'est afin de ne pas enfouir la terre fertilisée de la couche supérieure dans les sillons, en amenant à la surface du sol la mauvaise terre ; car la couche du sous-sol s'ameublissant lentement et difficilement au contact fertilisant de l'atmosphère, rendrait le champ stérile pour plusieurs années. Cependant, quand on prépare le sol pour recevoir une plantation d'arbres, il est bon de ne pas employer la fouilleuse, et de s'en tenir tout simplement au travail de la défonceuse.

D. Quels sont les avantages que procure le défonçage ?

R. Les sillons du défoncement du sol, tracés dans le sens de la pente, équivalent à un faible drainage : ainsi, le terrain s'égoutte plus facilement, se durcit moins vite, s'ameublit, se fertilise, craint moins la sécheresse et l'humidité, et se trouve en état de donner de meilleurs produits ; car les eaux pluviales dépouillent constamment le sol actif des matières fertilisantes pour les entraîner dans le sol inerte, et ces matières ne peuvent être ramenées dans le sol actif et tourner au profit de la végétation que par les profonds labours, les défoncements, et la transpiration du sol pendant le temps des grandes chaleurs.

D. Le nivellement d'un champ est-il bien important ?

R. Oui, puisque l'expérience de chaque jour nous démontre que l'eau qui séjourne dans une partie concave détruit entièrement les récoltes pendant l'hiver ; pour éviter ces pertes, si considérables dans certaines localités, l'agriculteur décharge les tertres à l'aide de la ravale, et porte cette terre dans les parties les plus basses, afin d'établir une pente régulière propre à faciliter l'écoulement des eaux.

DEUXIÈME PARTIE.

ENGRAIS.

NEUVIÈME LEÇON.

ENGRAIS ANIMAUX.

D. *Qu'est-ce que les engrais ?*
R. Ce sont des matières organiques ou inorganiques propres à servir de nourriture aux plantes ; les premières renferment les engrais animaux et les engrais végétaux, et les secondes les engrais minéraux. Les métaux et métalloïdes formant ces derniers se trouvent dans la terre, dans l'eau, dans l'atmosphère, et dans les dépouilles des plantes et des animaux.

D. *En quoi consistent les engrais animaux ?*
R. Dans les matières stercorales des animaux vivants, telles que : les excréments et les urines ; et dans les dépouilles des animaux morts, telles que : sang, chair, os, peau, laine, poils, cheveux, crins, cornes, onglons, ergots, sabots, plumes, arêtes, écailles, et vieux chiffons. Les matières dures doivent être calcinées et broyées par la râpe ou les meules avant d'être confiées au sol.

D. *Utilise-t-on toujours ces engrais ?*
R. Non ; la répugnance que les animaux morts inspirent aux agriculteurs ignorants est la cause que ceux-ci les abandonnent en plein air, dans les champs, les cours d'eau et sur les voies publiques, et les laissent perdre, au détriment de l'agriculture. Cet abandon, étant souvent la cause de maladies contagieuses, a fait sortir une loi qui punit d'une forte

amende les contrevenants. Les agriculteurs soigneux,
quand ils perdent des animaux, les font enterrer dans
une terre argileuse autant que possible et de médiocre qualité, en ayant soin de répandre quelques
kilos de chaux vive par-dessus, afin d'activer la décomposition des tissus; deux ans après, ils rouvrent
la fosse, et épandent la terre des fouilles tout autour.

D. *Dans quel ordre classe-t-on les engrais animaux ?*

R. Les excréments des carnivores, tels que ceux
de l'homme et de quelques oiseaux, viennent au premier rang; les excréments des granivores, tels que
ceux de la plupart des oiseaux, du mouton, du cheval
et de la chèvre, viennent au second rang; les excréments des herbivores, tels que ceux des bêtes bovines
et porcines, viennent au dernier rang. Les animaux
gras, bien nourris et jouissant d'une parfaite santé,
ont toujours des déjections plus abondantes en matières animales, plus azotées, et, par conséquent,
plus riches et plus énergiques que celles des animaux malades, étiolés et mal nourris.

D. *Quelles doivent être les préoccupations d'un bon
cultivateur ?*

R. D'améliorer et d'étendre les prairies naturelles,
de créer des prairies artificielles, afin d'augmenter ses
fourrages, ses troupeaux, de donner à ces derniers
une bonne et abondante nourriture, et d'en retirer
plus d'argent, plus de travail, et des engrais plus
énergiques. L'art de bien cultiver se résume dans ces
trois mots : *prés, bétail, fumier;* et un cultivateur se
ruine en ne fumant pas assez les terres qu'il travaille,
tandis qu'il pourrait s'enrichir en ne cultivant que
l'espace qu'il peut bonifier.

D. *Qu'est-ce que la colombine ?*

R. C'est la fiente des pigeons, des poules, des dindons, des oies, des canards, etc. Ces engrais ne doivent être employés qu'après avoir été mêlés au fumier des étables.

D. *Qu'est-ce que le noir animal?*

R. C'est la poudre des os calcinés mêlée au sang des animaux tombés dans les abattoirs ; ce mélange, après avoir servi à clarifier le sucre des raffineries, est vendu comme engrais ; on l'emploie seul ou avec le fumier de la ferme. Le noir animal contient ordinairement 75 p. 100 de phosphate de chaux.

D. *Qu'est-ce que le guano?*

R. C'est l'accumulation des fientes et des débris des oiseaux des mers du Sud, qui vont se reposer et mourir par myriades, depuis des milliers d'années, dans les îles qui avoisinent les côtes du Chili, de la Colombie et du Pérou, d'où on l'extrait pour le porter sur les terres de l'ancien continent. L'emploi du guano seul surexcite la végétation, appauvrit en peu d'années les terres riches, et épuise complètement les terres médiocres ; on l'emploie avantageusement avec les autres engrais.

D. *Qu'est-ce que la poudrette?*

R. C'est le produit que les vidangeurs retirent des latrines pour les faire sécher, les réduire en poudre, et les vendre ensuite aux agriculteurs. Leur emploi, comme tous les autres engrais en poudre, ne réussit bien que dans les années pluvieuses.

D. *Qu'est-ce que l'urine?*

R. C'est un liquide contenant de l'eau, des sulfates, des phosphates, des carbonates, des chlorates de soude, de potasse, de chaux, de magnésie et de silice. Les urines les plus riches en azote sont dans l'ordre suivant : l'urine du cheval, l'urine du mouton et de la chèvre, l'urine du bœuf et de l'homme, et l'urine du porc et des jeunes veaux. L'azote s'y trouve de 12 à 16 p. 100.

D. *Comment peut-on fixer les principes volatils de l'urine?*

R. En jetant dans les latrines, les réservoirs du purin et les urinoirs, du plâtre cuit, des sulfates de soude, de fer, de zinc et de magnésie, de la tourbe

3

carbonisée ou desséchée au soleil, de la poussière de charbon, de l'acide muriatique et du phosphate de chaux ; alors il se forme des carbonates et autres sels ammoniacaux peu volatils qui tournent au profit de la végétation : 12 kilos de plâtre et 2 kilos de poudre de charbon suffisent pour désinfecter annuellement toutes les matières stercorales d'une personne.

D. Quels sont les engrais que peut produire annuellement la France ?

R. 3 millions de chevaux donnent 30 milliards de kilogrammes de fumier ; 10 millions de bœufs, 150 milliards ; 33 millions de moutons, 15 milliards ; 5 millions de porcs et la volaille, 30 milliards ; 36 millions d'hommes, 15 milliards ; cela fait 140 milliards de kilogrammes, qui, répartis sur la moitié de 26 millions d'hectares de terre labourable en France, donnent 40,000 kilos d'engrais par hectare. L'eau de pluie et des arrosages, l'air, les amendements, les sels minéraux, les détritus des plantes et les dépouilles des animaux et des hommes en fournissent une quantité bien plus considérable encore.

DIXIÈME LEÇON.

ENGRAIS VÉGÉTAUX.

D. Qu'est-ce que les engrais végétaux ?

R. Ce sont les dépouilles des végétaux, telles que : feuilles, fleurs, fruits, bourgeons, rameaux, branches, tiges, écorce, racines, herbe, etc. ; soit que ces dépouilles pourrissent à la surface du sol, soit qu'on les enfouisse vertes dans les sillons, soit enfin qu'on les donne en litière aux animaux.

D. Quelles sont les plus riches de ces matières en azote ?

R. Ce sont, d'après leur classement, le gazon des prairies naturelles, celui des luzernières, le lupin, les

fèves, le trèfle, le sarrasin, les vesces, les feuilles de
chou et de betterave, le colza, les fanes des pommes
de terre, les pailles des céréales, les feuilles des arbres, les copeaux de bois, les résidus des amidonne-
ries et des brasseries, les tourteaux de lin, de colza,
de chenevis, de sésame, de madia, de cameline, de
pavots, de noix et de faine, les marcs de café, de drè-
che, de houblon et de raisins, les rameaux de buis,
la bruyère, les genêts, les roseaux, les fougères, les
mousses, les fucus, la spergule, la navette, les varechs, le chaume, la tourbe, et les eaux des routoirs.

D. *Quelle est la richesse du marc de café et des eaux
de rouissage ?*

R. Le marc de café contient 11 pour 100 d'acide
phosphorique, représentant 23 pour 100 de phosphate
de chaux; il contient encore 2 pour 100 d'azote. Les
eaux des routoirs contiennent de 2 à 4 pour 100
d'azote. Ces eaux doivent être utilisées dans l'irrigation, et ne pas croupir dans les mares et les étangs,
car elles constitueraient de véritables foyers d'infection.

D. *Quelle est en azote la richesse des tourteaux ?*

R. D'après Girardin et Soubeiran, les tourteaux
d'œillette contiennent 70 pour 100 d'azote; ceux de
chenevis, 62; ceux d'arachides, de lin et de pavots
blancs, 60; ceux de cameline, de sésame et de
colza, 55; celui de faine, 45. Leurs cendres renferment des acides sulfurique et phosphorique, de la
chaux, de la silice, de la potasse, de la magnésie et
de la soude.

D. *Quelles plantes fournissent les meilleurs engrais
verts ?*

R. Le lupin, le sarrasin, les choux, la betterave,
la spergule, le trèfle et la luzerne, qui, par l'abondance de leurs feuilles, se nourrissent principalement
des gaz qu'elles absorbent dans l'atmosphère et par
les eaux de pluie, croissent vite, n'empruntent que
fort peu de nourriture à la terre, et dont les grains

sont d'une valeur médiocre. Les racines, le chaume et les feuilles tombés à terre d'un hectare de luzerne contiennent environ 300 kilogrammes d'azote ou l'équivalent de 50,000 kilogrammes de fumier d'étable, dose d'une forte fumure.

D. *Quand est-ce qu'on doit enfouir les engrais verts ?*

R. Pendant qu'ils sont en fleur, alors qu'ils ont acquis leur plus grand développement, que la formation de la graine n'a pas eu le temps d'épuiser le sol, et que leur sève très-abondante, renfermant 95 parties sur 100 de matières aqueuses, active la fermentation et la décomposition des matières solides et donne au sol plus de fraîcheur. Ces engrais ont l'avantage d'amender et de bonifier les terres éloignées de la ferme ou enclavées dans d'autres propriétés, et dont l'abord difficile ne permet pas au cultivateur d'y porter les engrais quand il le faut.

D. *Comment doit-on employer les engrais verts ?*

R. Dans les terres légères, après le marnage, le chaulage et l'écobuage, on enfouit le lupin, le sarrasin, la spergule, le seigle, le colza et le trèfle ; dans les terres fortes, on enfouit les fèves, les varechs, la sciure et les copeaux de bois, les genêts, la fougère, la mousse, la bruyère, les roseaux et les ajoncs, qu'on arrose avec un lait de chaux afin de les débarrasser de l'acide végétal qu'ils renferment. Cet acide ne ferait que rendre ces terres plus froides, plus âcres et par conséquent plus stériles.

D. *Quels sont les effets des engrais verts dans les terres calcaires ?*

R. Les terres calcaires étant alcalines, ne produisent que tout autant qu'on leur fournit des engrais acides ; mais elles préfèrent aux engrais verts les terreaux noirs et acides, la tourbe sèche, les scories et la poussière de charbon, et la suie des cheminées, qui, par leur couleur noire, les échauffent et les rendent extrêmement fertiles.

D. *Pourquoi les engrais verts doivent-ils être en-fouis quand ils sont en fleur ?*

R. Parce qu'avant la floraison ils n'ont pas reçu tout leur développement ni toutes les matières nutritives qu'ils absorbent de l'atmosphère pour les transmettre au sol ; ils ont l'inconvénient d'être encore trop acides. Après la floraison, les tiges des végétaux, devenues plus ligneuses, se décomposent lentement ; les graines qui peuvent se former dans l'intervalle épuisent le sol, et germent plus tard pour infester les récoltes suivantes.

D. *Quel rôle jouent les engrais verts comme amendement ?*

R. Pendant l'été, ils procurent la fraîcheur aux terres chaudes, rendent les terres légères et poreuses plus liantes, et débarrassent le sol des mauvaises herbes. Les plantes à tiges dures, en divisant les terres fortes, les rendent plus légères, plus sèches, plus chaudes, plus faciles au travail et beaucoup plus productives.

D. *Qu'est-ce que les varechs ou goëmons ?*

R. Ce sont des plantes, de la famille des algues marines, qui croissent sur le rivage et dans le sein des mers, et fournissent un engrais énergique dès qu'elles ont été lavées par l'eau de pluie ; elles contiennent des principes salins fort utiles à la végétation, tels que : la potasse, la soude, le chlore, le phosphore, la chaux, etc.

D. *Dans quelles terres doit-on employer les charrées et les cendres ?*

R. Sur les terres tourbeuses, acides, fortes, argileuses, schisteuses et froides, et sur les prairies infestées de mauvaises herbes, afin de combattre leur acidité ; mais, avant, il faut avoir eu soin de bien égoutter le terrain, soit par des rigoles d'écoulement, soit par un bon système de drainage, soit par des fossés couverts.

D. *Comment doit-on employer les tourteaux de lin et la suie ?*

R. On répand les tourteaux de lin quinze ou vingt jours avant de faire les semences, afin que leur acide, ayant le temps d'être neutralisé par les alcalis de la terre, ne brûle pas le germe de la plante et ne fasse pas périr en entier les récoltes.

La suie, ayant la double propriété d'échauffer les terres calcaires, blanches et froides, doit toujours être employée en couverture; son odeur forte éloigne les insectes des récoltes et en fait périr un grand nombre.

ONZIÈME LEÇON.

ENGRAIS MINÉRAUX.

D. *Qu'est-ce qu'on entend par engrais minéraux ?*

R. Ce sont les métaux qui, avec ou sans l'aide des acides, décomposent l'eau à la température ordinaire, tels que : la potasse, la soude, la baryte, la chaux, la strontiane, l'alumine, la magnésie et le fer; et les métalloïdes, tels que : l'oxygène, l'hydrogène, l'azote, le chlore, le soufre, le phosphore, le carbone et le silicium.

D. *Qu'est-ce que la potasse de commerce ?*

R. C'est l'oxyde de potassium, alcali fixe blanc, inodore, solide et de saveur âcre, se combinant avec les acides chlorhydrique, carbonique, nitrique, silicique, tartrique et sulfurique; elle se dissout dans l'eau, l'huile et la graisse, et détruit rapidement les tissus animaux; on l'obtient par l'incinération des plantes herbacées. Les cendres des fanes de pommes de terre, de haricots et de topinambours renferment 50 p. 100 de carbonate de potasse.

D. *Qu'est-ce que la soude ?*

R. C'est l'oxyde de sodium, terre métallique, solide, ayant à peu près les mêmes caractères de la potasse; elle se combine avec les acides sulfurique, borique, chlorhydrique; on l'obtient de l'incinération des plantes des bords de la mer. La soude et la potasse se trouvent quelquefois de 12 à 14 p. 100 dans la craie, le mica et le feldspath.

D. *Qu'est-ce que la baryte et la strontiane?*

R. Ce sont deux terres métalliques solides, grisâtres, qui se combinent avec les acides, se mêlent très-bien avec les corps gras, et jouent le rôle des alcalis.

D. *Qu'est-ce que la chaux ou oxyde de calcium?*

R. C'est une terre alcaline, blanche, s'unissant à l'acide carbonique pour constituer la pierre à chaux, le marbre et la craie; à l'acide sulfurique, pour constituer le plâtre; à l'argile, pour constituer la chaux hydraulique; à l'acide oxalique, azotique, au chlore, et à la silice; désagrégée par l'humidité, elle se délite et prend le nom de chaux éteinte. Les plantes, après dessiccation, en contiennent 6 p. 100 en poids; les cendres de luzerne en contiennent près de 50 p. 100.

D. *Qu'est-ce que l'alumine?*

R. C'est une terre métallique désinfectante, se combinant avec la silice, le chlore, la soude, la potasse, l'ammoniaque et l'acide sulfurique; elle forme la base des roches d'argile, d'ardoise et de schiste; 45 parties d'alumine et 55 parties de silice ou sable très-fin forment l'argile pure.

D. *Qu'est-ce que la magnésie?*

R. C'est une terre métallique blanche, cristalline, insoluble dans l'eau pure, s'unissant aux acides pour en détruire les effets toxiques, et se précipitant par la soude et la potasse. Elle abonde dans le talc, la serpentine, la stéatite et les dolomies.

D. *Qu'est-ce que le fer?*

R. C'est un métal qu'on trouve parfois dans la

terre à l'état natif, ou bien combiné aux acides sulfurique, carbonique, phosphorique, chlorhydrique, à
l'oxygène, au soufre et au manganèse. Une trop
grande quantité de fer dans la terre arable nuit à la
végétation des plantes, tandis qu'une quantité convenable produit d'heureux résultats.

D. *Qu'est-ce que l'oxygène?*

R. C'est un corps simple, gaz vital et combustible,
entrant pour un cinquième en volume dans la composition de l'air, pour un neuvième en poids dans celle
de l'eau ; il se trouve dans toutes les matières organiques, dans la plupart des métaux, des oxydes et
les acides sulfurique, carbonique, phosphorique, etc.

D. *Qu'est-ce que l'hydrogène?*

R. C'est un gaz non vital, quatorze fois plus léger
que l'air, entrant pour un dix-neuvième de son poids
dans la composition de l'eau ; il s'unit à l'oxygène,
au carbone, au phosphore, et sert à constituer l'huile,
la graisse et le bitume.

D. *Qu'est-ce que l'azote?*

R. C'est un gaz qui forme environ les quatre cin-
quièmes en volume de l'air; on le trouve dans plusieurs métaux, dans les matières végétales et animales, et dans la terre à l'état de salpêtre. Il sert
de base à l'acide azotique ou nitrique, s'unit avec
l'hydrogène, le carbone et le chlore. Une partie d'a-
zote se dégageant des matières en putréfaction et trois
parties d'hydrogène forment l'ammoniaque; le chlorhydrate d'ammoniaque renferme 26 p. 100 d'azote;
le carbonate d'ammoniaque, 23; le sulfate d'ammoniaque, 20; le phosphate d'ammoniaque, 41, et le
nitrate d'ammoniaque, 11,5.

D. *Qu'est-ce que le chlore?*

R. C'est un gaz jaune-verdâtre, d'une odeur désagréable, soluble dans l'eau; propre à désinfecter, à
blanchir les toiles; il se combine avec la potasse, la
soude, la chaux, la magnésie et le fer; uni à l'hydrogène, il forme l'acide chlorhydrique ou esprit de sel.

Il existe des mines considérables de muriate de soude ou sel gemme en Espagne, en Pologne, etc.

D. *Qu'est-ce que le soufre?*

R. C'est un corps solide, combustible, se dissolvant dans l'huile, et se combinant avec la plupart des corps simples; il forme avec l'oxygène l'acide sulfurique ou huile de vitriol; on le trouve aux abords des volcans ou avec les métaux, tels que le fer, le cuivre, etc.

D. *Qu'est-ce que le phosphore?*

R. C'est un corps solide, inflammable à l'air, que l'on rencontre dans les métaux, les eaux minérales, les coquillages, les plantes, les os, le cerveau et les matières stercorales; il se dissout dans les corps gras et l'eau au-dessus de 40° de chaleur, se combine avec l'oxygène, l'hydrogène, le soufre, la chaux, le carbone et la magnésie. Les cendres des végétaux contiennent 15 à 20 p. 100 de phosphate de chaux; la chaux peut en contenir 1 p. 100, le grain de froment 47 p. 100, et le squelette desséché d'un homme, 79 p. 100.

D. *Qu'est-ce que la silice?*

R. C'est la combinaison de l'oxygène et de l'oxyde de silicium ou pierre à fusil, ayant de l'affinité pour le bore, le carbone, la magnésie, l'alumine, la potasse et la soude. La silice, au moment de la dissolution des silicates, reste libre dans l'eau, et passe dans les végétaux pour leur donner de la force : les blés versent dans les terres qui ne contiennent pas assez de silicium.

D. *Qu'est-ce que le carbone?*

R. C'est un corps simple qui n'a pas encore trouvé de dissolvant; chauffé au rouge dans l'oxygène, il donne l'acide carbonique; mêlé avec quelques matières terreuses, il donne l'anthracite; avec des matières végétales, il donne la houille ou charbon de terre; avec le fer, il donne la plombagine; à l'état de cristal, il prend le nom de diamant. Le carbone impur ou charbon entre dans la composition des huiles, absorbe les mauvaises odeurs, et décolore les matières végétales.

DOUZIÈME LEÇON.

ENGRAIS MIXTES.

D. Qu'est-ce qu'on entend par engrais mixtes?

R. C'est le mélange des substances animales, végétales et minérales susceptibles de fermenter à une douce température, de s'approprier l'oxygène et l'acide carbonique de l'atmosphère, de se décomposer ensuite par une combustion lente que provoque la putréfaction, de se combiner avec les acides, les alcalis, les sels et les corps gras qui se trouvent dans la terre, et de se transformer en substances alimentaires propres à servir de nourriture aux plantes.

D. Qu'est-ce que le fumier des étables?

R. C'est un engrais mixte, composé des urines, des excréments des animaux et des matières végétales employées en litière, comme la paille des céréales et des farineux, la fane des plantes racines, la feuille des arbres et arbustes, les genêts, les rameaux de buis, les balles de froment et autres, les roseaux, le foin gâté, la sciure de bois, la bruyère, la fougère, et la mousse.

D. Ne fait-on pas aussi litière aux animaux avec la terre?

R. A défaut de matières végétales, on répand une couche mince de terre sous le bétail, et, quand cette couche est bien imprégnée d'urine, on en répand une seconde, et ainsi de suite jusqu'à ce qu'elles aient atteint une hauteur de 15 à 20 centimètres. Les animaux préfèrent cette litière à toute autre, en ce qu'elle laisse dégager moins de mauvaises odeurs. Dans ce cas, les agriculteurs doivent employer la

terre légère pour litière, quand le fumier est destiné
à bonifier les terres fortes, et *vice versâ*, afin que ces
engrais servent à la fois et d'amendement, et d'a-
bonnement.

D. *Qu'est-ce que les composts ?*

R. C'est le mélange des matières organiques ou
inorganiques que les cultivateurs trouvent sous leurs
mains, telles que feuilles et tiges des plantes, dépouille des légumes, herbes provenant du sarclage,
boue des rues, vase des fossés, débris de démolitions, charrées, marc de raisins, tourteaux,
viandes altérées, chiffons de laine, sang des abattoirs, copeaux et sciure de bois, affinage des forges,
scories de charbon, cendres des foyers, des fours et
des hauts-fourneaux, dépouilles des animaux morts,
poussière des balayures, sels minéraux et marin,
terres amendantes, comme le plâtre, la marne, la
chaux, le sable, l'argile, etc.

D. *Comment dispose-t-on ces matières pour le mélange ?*

R. On les met en un seul tas sur un pavé incliné,
et on les arrose de temps en temps, afin de provoquer
la fermentation, avec le purin, les eaux de vaisselle,
des vases de nuit, de lessive, des dissolutions de
soude, de potasse et de chaux, ou de l'eau pure tout
simplement. Ce procédé a l'avantage d'activer la décomposition des matières organiques, de fixer, par la
stratification, les gaz volatils d'azote et d'ammoniaque, et de les faire passer, par la nitrification, à l'état
de nitrate de potasse. On cesse les arrosages quinze
ou vingt jours avant d'employer ces composts, dont la
richesse peut être évaluée à 300 grammes de nitrate
de potasse par mètre cube.

D. *Qu'est-ce que le gadoue et le lizier ?*

R. Le gadoue, ou engrais flamand, est un mélange
d'une partie des produits liquides des latrines ou du
purin et de quatre parties d'eau, que l'on emploie
avec les tonneaux-arrosoirs pour arroser les prairies

artificielles, les jardins et les terres arables. Le lizier ou ligée est l'eau qui a servi à laver les étables, les écuries, les bergeries, les latrines et le réservoir du purin, que l'on emploie, au printemps, à l'irrigation des prairies naturelles.

D. *Qu'est-ce que l'urate ?*

R. C'est un mélange de 20 kilogrammes de plâtre et d'un hectolitre d'urine ou de purin qu'on laisse reposer après l'avoir brassé quelque temps; et, dès qu'il est solidifié, on le pulvérise, et on le répand sur les récoltes par un temps humide.

D. *Qu'est-ce que la saumure ?*

R. C'est l'eau saturée de sel et la liqueur provenant de la salaison des poissons de mer, de la viande des animaux, de la fabrication des fromages, et de beaucoup d'autres manufactures ou établissements industriels. La saumure contient du chlorure de sodium ou sel marin, du sulfate de soude, du phosphate et du lactate d'ammoniaque, de la chaux, de l'albumine, du sang, les œufs, la laitance, l'huile et la graisse des poissons et des animaux soumis à la salaison. Les cultivateurs doivent la recueillir avec soin pour la mêler aux eaux de l'irrigation ou pour arroser les fumiers et les amendements, car elle est éminemment fertilisante.

D. *Quelle est la richesse de la saumure en azote et en phosphate ?*

R. Un litre de saumure à 23 degrés renferme 6 grammes d'azote et 4 grammes d'acide phosphorique, équivalant à 9 grammes de phosphate de chaux; plus une contrée est restée fertile et peuplée, plus le sol se trouve dépourvu de ces sels, car les animaux et les plantes se les sont appropriés et ne les lui restituent que fort difficilement. Les os, contenant 79 pour 100 de phosphate de chaux, doivent être calcinés et pulvérisés avant d'être employés comme engrais.

D. *Où trouve-t-on encore le phosphate de chaux ?*

R. Dans les coquilles des mollusques et autres animaux contemporains, les écailles des crustacés, les madrépores, les merlans, les morues, les harengs, les sardines, les nodules des terrains crétacés, les falunières, où le phosphate et le carbonate de chaux, unis aux matières organiques, constituent d'excellents engrais et de précieux amendements.

D. *Quels sont les autres engrais mixtes que l'on connaisse ?*

R. Ce sont : les eaux de pluie, de source, de rivière et des lavoirs ; la tourbe calcinée, tamisée et mêlée au carbonate de chaux ; le charbon de schiste imprégné de purin, de bouillon d'équarrissage, et mêlé au noir animal. Ces engrais sont vendus sous écriteau portant la dose du phosphate de chaux qu'ils contiennent, dose qui varie entre 2 et 3 grammes d'acide phosphorique par décimètre cube.

D. *Peut-on utiliser les engrais liquides des villes ?*

R. Oui, en construisant des fossés de décharge qui les recueillent et les déversent dans de grands réservoirs. On jette sur ces eaux bourbeuses de la chaux éteinte ; les matières solides se déposent au fond du réservoir ; l'eau qui surnage est ensuite employée à arroser les· plaines inférieures par le système d'irrigation souterraine.

TREIZIÈME LEÇON.

SOINS A DONNER AUX ENGRAIS.

D. *Quels sont les soins que réclament les engrais ?*

R. Quand on sort le fumier des étables, on doit le mettre sous des hangars, pour que le soleil et la pluie ne le détériorent pas, et le placer sur un pavé incliné, afin que le jus ou purin s'en écoule facilement et n'empêche pas la fermentation d'avoir lieu. Conserver, c'est produire ; éviter la détérioration des engrais, c'est en augmenter la quantité et la qualité. Il n'est pas une ville, un bourg, un village, un hameau où l'agriculteur soigneux ne soit attristé par l'incurie qui règne dans la conservation des engrais, dont la plus grande partie se perd dans les chemins et dans les cours d'eau au détriment de l'agriculteur.

D. Comment peut-on augmenter les engrais d'une ferme?

R. En créant des prairies naturelles et artificielles, en améliorant celles qui existent déjà, en donnant à l'irrigation tout le développement dont elle est susceptible, en aménageant les eaux dans le haut des vallées, afin de les utiliser dans les arrosages; par ces moyens, on augmente les fourrages, les troupeaux et les engrais. Il ne suffit pas de donner aux animaux une nourriture saine, succulente et abondante, il faut encore suivre autant que possible le système de stabulation, observer ce que prescrit l'hygiène, recueillir avec soin les produits des volaillers, des urinoirs, des latrines, des lavoirs, du balayage et du nettoyage des villes, et les engrais minéraux que l'on peut se procurer, pour en faire un seul mélange ou compost.

D. Quelles sont les conditions que prescrit l'hygiène dans les étables?

R. Elle prescrit de curer les étables tous les deux jours, de répandre une mince couche d'argile sèche sur le pavé pour absorber les gaz, et puis une litière fraîche, soir et matin, par-dessus; elle évite de mettre le fumier à découvert près des lucarnes, parce que les exhalaisons provenant des matières organiques en fermentation, et l'acide carbonique qui se dégage de la combustion lente du fumier, vicient l'air que respirent les animaux, et occasionnent souvent de graves maladies.

D. Comment peut-on augmenter la qualité du fumier?

R. En répandant de temps à autre, sous la litière des animaux, du plâtre, du sulfate de fer et du char-

bon en poudre, de l'argile sèche, de la limaille de
fer; ces matières absorbent les gaz délétères, s'op-
posent au développement des maladies, surtout des
épizooties, et l'emploi des engrais qui les renferment
empêche les blés de verser et influe beaucoup sur les
récoltes qui suivent.

D. *Comment doit-on fournir la litière aux animaux?*

R. On doit couper et broyer les matières employées
comme litière, afin qu'elles s'imprègnent des matières fécales, qu'elles fermentent et se décomposent
plus facilement : le fumier n'en est que meilleur.
Quand les animaux sont soumis au vert, ou qu'on les
nourrit avec des racines, la pulpe de betterave et les
résidus des distilleries, la litière doit être bien plus
abondante.

D. *Le fumier ne gagnerait-il pas à séjourner plus
longtemps dans les étables?*

R. Oui, il gagnerait beaucoup ; mais la propreté
exerce une si grande influence sur la santé des animaux, que nous n'approuvons un long séjour du fumier dans les étables que tout autant qu'on aura employé à la litière des animaux les matières absor-
bantes dont nous avons parlé plus haut; et puis les
fumiers mis en tas, dans un endroit couvert, gagnent,
par une fermentation lente et régulière, les qualités
qu'ils peuvent perdre par leur prompte extraction des
étables.

D. *Pourquoi les fumiers se détériorent-ils au soleil
et à la pluie?*

R. Parce que l'alternative du froid au chaud, et
vice versâ, leur procure une fermentation irrégulière :
les rayons d'un soleil ardent leur occasionnent la
perte des gaz ammoniacaux et autres; la pluie les
lave et les dépouille des matières grasses et des sels
solubles. L'usage de laisser les fumiers à découvert,
généralement suivi dans le midi et le centre de la
France, est fort préjudiciable à l'agriculture ; on re-

médie à ces inconvénients en couvrant l'emplacement du fumier par une légère charpente ou hangar, et en construisant tout autour, mais à un niveau plus élevé que le sol, les latrines, le volailler et la porcherie, afin que tous ces engrais, se mêlant au fumier des étables, le bonifient et ne se perdent pas.

D. *Quelle disposition doit-on donner à l'emplacement du fumier?*

R. On lui ménage deux larges ouvertures, une à l'est et l'autre à l'ouest, afin que les tombereaux attelés puissent entrer et sortir librement; on divise l'intérieur en deux compartiments, et, quand le premier est plein, on lui fait subir la transformation, si on la juge nécessaire, ou toute autre préparation, et l'on commence à remplir le second compartiment; de cette manière, on n'emploie jamais que des fumiers bien préparés et ayant atteint le degré de consommation qu'on désire.

D. *Qu'entendez-vous par les engrais bien préparés?*

R. Ce sont tous ceux auxquels on a fait subir une transformation ou une préparation, afin de les rendre propres au besoin des terres qui doivent les recevoir; ceux que l'on a mélangés avec le guano, les sels, les métaux et les métalloïdes qui peuvent augmenter leurs qualités; ceux enfin qui, par le piétinement des animaux qu'on y a fait parquer, ont acquis, par une fermentation lente et régulière, des qualités incontestablement supérieures.

D. *Quels sont les avantages qu'offrent les hangars?*

R. Ce sont ceux de quadrupler les engrais d'une ferme, en facilitant les dépôts que l'on peut faire journellement des matières minérales, animales et végétales que le cultivateur trouve sous ses mains; ces matières, mêlées dans un fumier tassé par le piétinement des animaux, étant bien pénétrées par les urines, donnent un produit excessivement fertilisant, bien décomposé, gras, onctueux, facile à transporter, fort riche sous un petit volume, en ce que l'azote et l'ammoniaque, gaz qui se volatilisent facilement, se sont transformés, dans cette nitrière artificielle, en un sel fixe, connu sous le nom de nitrate de potasse.

D. *Comment utilise-t-on le purin?*

R. On pratique un réservoir bitumé, pouvant recevoir l'urine des étables et le jus du fumier; on verse dedans les matières propres à s'opposer à l'évaporation des gaz ammoniacaux, puis on les emploie à arroser le fumier et les amendements avant de les transporter aux champs; on les mêle aussi avantageusement avec l'eau qui doit servir à arroser les prairies naturelles.

D. *Quelle doit être annuellement la quantité de fumier d'une ferme?*

R. Elle doit être égale à deux fois le poids des matières sèches données en nourriture ou en litière aux animaux. Ainsi, une ferme aura-t-elle récolté un million de kilogrammes de foin et de paille, si le tout se consomme sur place, elle produira 2 millions de kilogrammes de fumier; car l'eau que boivent les animaux équivaut à peu près au poids des matières solides prises en nourriture ou en litière.

QUATORZIÈME LEÇON.

TRANSFORMATION ET EMPLOI DES ENGRAIS.

D. *En quoi consiste la transformation des engrais?*

R. Dans l'art de convertir les matières stercorales de l'homme, du cheval, du mouton, des oiseaux et de la volaille, qui forment les fumiers chauds, en fumiers froids; et les fumiers froids, tels que ceux de l'espèce bovine et porcine, en fumiers chauds, — afin de rendre les uns et les autres propres aux terres qu'ils doivent bonifier.

4

D. *Quand est-ce qu'on doit recourir à cette transformation?*

R. Lorsque ces engrais et les terres qui doivent
les recevoir sont de même nature ; car il n'existe aucune affinité entre un engrais acide et froid et une
terre acide et froide, de même qu'entre un engrais
alcalin et chaud et une terre alcaline et chaude : dans
ces cas, les engrais, dissous par les eaux, sont en-
traînés dans les couches inférieures du sol et ne
peuvent servir à nourrir les plantes, puisqu'ils ne se
combinent pas avec les sels de la terre ; tandis que
les fumiers froids dans les terres chaudes, *et vice
versâ*, donnent naissance à un savon soluble propre
à alimenter la végétation. Mettez une certaine quantité d'ammoniaque avec de l'huile, il se forme immédiatement un savon ; mettez de l'huile et de la graisse
ensemble, le mélange n'a pas lieu à froid.

D. *Comment procède-t-on à la transformation des
engrais?*

R. Pour transformer 75 mètres cubes de fumier
froid en fumier chaud, on fait, dans le réservoir du
purin contenant 10 mètres cubes d'eau ou environ,
une lessive avec 250 kilos de chaux vive, 250 kilos de
salpêtre, 20 kilos de sel de cuisine. On brasse de
temps en temps pendant huit jours, et puis on procède à l'arrosage. Pour transformer 75 mètres cubes
de fumier chaud en fumier froid, on fait, dans le
même réservoir, une lessive avec 500 kilos de plâtre,
50 kilos de potasse, 150 kilos d'argile, eau en quantité
suffisante pour remplir le réservoir ; après huit jours
de brossage, et quinze jours avant de confier les engrais au sol, on aplanit la surface du tas de fumier,
on y pratique des trous de distance en distance avec
un long pieu, et l'on verse la lessive dessus à plein
arrosoir.

D. *D'où provient la chaleur du fumier de cheval et
de mouton?*

R. De ce que les grains et les plantes balsamiques

des terrains chauds, sablonneux, volcaniques, secs
et élevés où ces animaux se nourrissent, sont plus
riches en phosphate et en carbonate de chaux, en potasse et en azote, que les herbes des terres fortes du
fond des vallées et des basses contrées qui servent de
nourriture aux animaux de l'espèce bovine, lesquelles
ne contiennent ordinairement que des matières aqueuses et peu excitantes.

*D. Quelles sont les terres froides et les engrais qui
leur conviennent ?*

R. Les terres froides sont : les terres fortes, argileuses, glaises, calcaires, tourbeuses, schisteuses,
limoneuses, argilo-siliceuses, argilo-schisteuses et de
bruyère, qui veulent des engrais chauds et alcalins,
tels que la poudrette, le guano, le noir animal, la
suie, les cendres, la chaux, le sel marin, le carbonate de soude, le nitrate de potasse, le phosphate de
chaux, le phosphate d'ammoniaque, le sulfate de
soude, le sulfate de fer, les silicates, etc. ; ces terres
demandent des fumures peu fréquentes, mais très-
abondantes.

*D. Quelles sont les terres chaudes et les engrais qui
leur conviennent ?*

R. Ce sont : les terres sèches, sablonneuses, granitiques, graveleuses et volcaniques, qui demandent
des engrais froids, acides et onctueux, tels que les
engrais verts, la marne grasse, l'argile pure, le phosphate de chaux, le plâtre, le fumier de vache et de
porc. Ces terres veulent des fumures légères, mais
fréquentes.

*D. Quelles remarques faites-vous sur la terre cal-
caire ?*

R. Cette terre est alcaline, elle s'accommode des
fumiers froids et acides ; mais la quantité d'eau
qu'elle retient et sa couleur réfractaire font qu'elle
produit davantage quand on la bonifie avec des engrais chauds, du noir animal, de la suie, du guano,
de la tourbe, etc.

D. Quels sont les engrais qui conviennent aux terres acides ?

R. Les terres chaudes ou froides, compactes ou légères, où croissent l'oseille rouge, la petite oseille, la linaigrette, les joncs, les laiches et les carex, demandent des fumiers chauds et des engrais alcalins, tels que : les cendres, la potasse, la chaux, les nitrates, les phosphates, la marne grasse, et la pratique de l'écobuage.

D. Pourquoi n'élève-t-on pas dans une ferme les animaux dont le fumier convient à la nature de ses terres ?

R. Parce que les usages suivis dans chaque localité ont leur raison d'être. On peut les améliorer et non les changer ; car les conditions d'existence chez les animaux ne s'accordent pas toujours avec les besoins des terres ; et l'espèce bovine, dont le fumier froid convient aux terres légères et sèches, ne prospère que dans le fond des vallées où les terres sont ordinairement fortes, argileuses et froides ; tandis que les moutons et les chevaux, dont le fumier chaud convient à ces dernières terres, y sont exposés à de nombreuses maladies, et sont, au contraire, d'une grande prospérité sur les terres légères, sèches, chaudes et élevées.

D. Quand est-ce qu'on doit confier les engrais au sol ?

R. On profite des semailles d'automne et des labours d'hiver pour employer les engrais disponibles ; en février et mars, des semailles de l'avoine, de l'orge et du blé de mars ; en avril et mai, des semailles de pommes de terre, de betterave, de lin, de chanvre et de maïs ; en juin et juillet, des semailles de sarrasin, de colza et de navets ; en août et septembre, des semailles de seigle et de froment. Les fumiers enfouis de suite, en sortant de l'écurie ou de la fosse, donnent de plus beaux produits ; ceux qu'on emploie en hiver cèdent à la terre les gaz que la chaleur de l'été peut faire évaporer. Les engrais liquides et les engrais en poudre doivent être employés par un temps pluvieux.

D. *Dans quelles circonstances doit-on recourir au parcage ?*

R. Lorsque les terres sont trop écartées de la ferme, ou que leur position trop élevée et d'un abord difficile rend le transport des engrais trop coûteux ou impossible. Le parcage a le double avantage de fumer le terrain et de faire consommer sur place les fourrages ; un mouton fume dans une nuit un mètre carré et demi de terrain.

D. *Quand est-ce qu'on doit fumer en couverture ?*

R. C'est lorsqu'on n'a pas eu assez de fumier pour la semence. La fumure en couverture s'applique avantageusement sur les céréales, les prairies naturelles et artificielles, et les pâtures où l'on ne peut pas pratiquer les arrosages. Le fumier employé en couverture doit être plâtré ou sulfaté, et être répandu par un temps sec et froid, avant que la neige ne tombe.

QUINZIÈME LEÇON.

AGENTS NÉCESSAIRES A LA VÉGÉTATION.

D. *Quels sont les agents nécessaires ou indispensables à la végétation des plantes ?*

R. Ce sont : la terre végétale, les engrais, l'eau, l'air, la lumière, la chaleur, et l'électricité.

D. *Quel rôle joue la terre végétale dans le phénomène de la végétation ?*

R. La terre végétale est le point d'appui, le milieu dans lequel sont fixées les plantes : on l'appelle aussi terre arable, labourable ou sol actif ; elle contient des matières organiques ou inorganiques à l'état d'humus, de sels ou de gaz indispensables à la végétation. Plus la couche de cette terre est meuble et riche, plus les racines des plantes s'y développent, et plus la végétation y est luxuriante.

D. *Quel rôle jouent les engrais dans la végétation?*

R. Les engrais, par leur décomposition, fournissent des matières organiques et des gaz qui se combinent avec les matières inorganiques du sol, telles que les nitrates, les sels ammoniacaux et autres, pour former, selon que les unes sont plus ou moins acides et les autres plus ou moins alcalines, le lait ou savon soluble, qui, sous la forme d'eau de végétation ou de sève ascendante, sert de nourriture aux végétaux.

D. *Quel est le rôle que joue l'eau dans la végétation?*

R. L'eau se compose d'un volume d'oxygène sur deux d'hydrogène; elle se trouve à l'état de vapeur dans l'atmosphère jusqu'à 80 grammes par mètre cube d'air; lorsque ce dernier est bien saturé d'humidité, cette eau retombe sur la terre en pluie, rosée, brouillard, neige ou grêle, et forme en France une couche annuelle de 70 centimètres d'épaisseur ou environ. Elle préside à la dissolution des engrais, les introduit dans les organes des végétaux, et cède son hydrogène à la constitution des plantes, tandis que son oxygène retourne à l'atmosphère. Elle est si indispensable à la végétation, que les plantes privées d'humidité périssent durant les grandes chaleurs.

D. *Qu'est-ce que l'air atmosphérique?*

R. L'air se compose en poids de 23,01 d'oxygène et de 76,99 d'azote, ou bien en volume de 20,81 d'oxygène et de 79,19 d'azote; il renferme, en outre, des éléments variables, tels que l'eau à l'état de vapeur, l'acide carbonique, l'ammoniaque, les gaz miasmatiques provenant de la putréfaction des matières organiques, et les matières inorganiques à l'état de poussière; il forme une couche de 50 à 60 kilomètres tout autour de la terre, et pèse 1,300 grammes le mètre cube. Les météores atmosphériques exercent une bien grande influence sur la végétation.

D. Quel rôle joue l'air dans la fertilisation du sol et la physiologie des plantes ?

R. A l'aide des labours, des gelées, de la chaleur et de l'humidité, l'air effrite et ameublit le sol, décompose peu à peu le sous-sol et le convertit en terre ; il coopère à la putréfaction des matières organiques et à la germination des grains et autres semences ; sans la présence de l'oxygène dans les terres compactes, le grain gonfle, pourrit, mais il ne germe pas. La verdure des végétaux ayant la propriété de décomposer l'air à la lumière, fait que pendant le jour les plantes absorbent une grande quantité d'acide carbonique, et la rejettent pendant la nuit par un jeu intermittent d'aspiration et de respiration.

D. Que se passe-t-il pendant ce phénomène ?

R. Cet acide carbonique pénètre dans les végétaux, élabore leur sève, la coagule, la transforme en albumine, et puis en matière ligneuse et solide, comme l'acide de l'estomac du veau caille le lait et le transforme en fromage, comme un acide quelconque précipite l'humus des terres qu'on a fait dissoudre dans l'eau, comme enfin un mélange d'huile, d'ammoniaque, de potasse ou de soude forme un savon solide à l'air et soluble dans l'eau.

D. Quel est le rôle que joue la lumière sur la végétation ?

R. La lumière est le véritable peintre de la nature ; c'est elle qui verdit les végétaux, et qui dispense aux fleurs leurs éclatantes et diverses couleurs. Toute plante qui végète dans l'obscurité est incolore.

D. Qu'est-ce que la chaleur relativement à la végétation ?

R. La chaleur coopère à la fermentation et à la putréfaction des matières organiques, et, par la dissolution des engrais, l'affinité des acides et des alcalis, et la formation des savons solubles, elle provoque le dégagement du fluide électrique de la masse terrestre. Cette électricité, tendant continuellement à se porter vers l'électricité contraire contenue dans les nuages ou l'atmosphère humide, provoque l'ascension de la lymphe ou sève dans les végétaux.

D. *Quel rôle joue l'électricité sur la végétation?*

R. Ce fluide moteur de la création végétale est le principe vital des plantes; comme la lumière et le calorique, il pénètre dans tous les sens les liquides et les solides organisés. Les plantes sont autant de conducteurs par lesquels la surabondance de l'électricité de la terre s'unit à l'électricité contraire qui se trouve dans les nuages, les brouillards, l'atmosphère humide des nuits d'été, des jours d'orage et des temps de pluie.

D. *Comment s'opère la germination des plantes?*

R. Le grain, le pepin et le noyau renferment un principe azoté connu sous le nom de diastase, lequel fermente à l'humidité, passe à l'état d'acide, transforme l'amidon en dextrine ou matière sucrée propre à allaiter le germe de la plante, qui gonfle, se développe sous l'influence de deux courants contraires dont l'un détermine la formation des racines et l'autre celle de la tige, jusqu'à ce que les jeunes racines et les feuilles séminales du nouveau sujet puissent absorber assez de nourriture dans le sol et l'atmosphère pour son existence.

D. *Comment nous expliquerez-vous la sève descendante?*

R. Dès que l'acide carbonique que les parties vertes des végétaux ont absorbé dans l'atmosphère s'est parfaitement mélangé à la sève ascendante, il l'élabore, la coagule et la transforme en albumine; cette nouvelle matière, connue sous le nom de cambium ou sève descendante, se change ensuite en cellulose, se précipite, passe à l'état de fibres ,et s'assimile à la plante comme partie intégrante et constitu-

tive, en grossissant chaque année le diamètre du
végétal.

SEIZIÈME LEÇON.

EAUX PROPRES A LA VÉGÉTATION.

*D. D'où vient que toutes les eaux n'ont pas les
mêmes qualités pour la végétation?*

R. Cela vient de la différence du terrain sur lequel
elles passent : si le terrain contient des débris organiques, du phosphate de chaux, des carbonates de
soude et de potasse, et des sels ammoniacaux, les
eaux s'en prévalent et sont de bonne qualité; si ce
terrain renferme des chlorures, des carbonates de
chaux et des sels de fer en trop grande abondance,
les eaux s'en emparent, prennent le nom d'eaux sé-
lénites, et asphyxient les plantes par l'incrustation.
On reconnaît ces dernières quand elles cuisent mal
les légumes ou qu'elles ne dissolvent pas bien le savon des blanchisseuses.

*D. Peut-on connaître à l'œil les eaux propres ou
impropres à la végétation?*

R. Quand on voit verdir en tout temps le gazon
qu'elles arrosent, et croître dans le lit de leur courant les cressons, les joncs plats et élevés, et d'autres
herbes aquatiques propres à nourrir les animaux, ces
eaux sont de bonne qualité; mais, quand le gazon
ne verdit pas après quelques jours d'arrosage, ou
que l'on voit croître dans le lit du courant des joncs
ronds et peu élevés, on peut dire qu'elles sont de
mauvaise qualité, et l'on tâche de les corriger en les
retenant dans de grands réservoirs, où l'on dépose
des engrais, des eaux de lessive, etc.

*D. Comment constate-t-on la présence des sels dans
l'eau?*

R. Le prussiate de potasse constate la présence du
fer par un beau bleu ; le tannin, par un beau noir ;
une barre de fer plongée quelque temps dans l'eau
attire sur elle les paillettes de cuivre que cette eau
peut contenir ; l'eau de chaux, en troublant un liquide,
y constate la présence du carbonate de chaux ; l'azotate de baryte et l'oxalate d'ammoniaque constatent la
présence du sulfate de chaux par les précipités de
sulfate de baryte et d'oxalate de chaux ; l'azotate d'argent constate la présence du chlore par un précipité
blanc qui passe ensuite au bleu et noircit à la lumière.

*D. Comment corrige-t-on les eaux crues des bois,
des marais tourbeux et acides?*

R. En les laissant tomber sur des rochers, en les
faisant battre par des roues de moulin, de manière
qu'elles puissent jaillir en forme de nappes ou de gerbes, pour pouvoir s'approprier l'air qui leur manque ;
en faisant rouir le chanvre et le lin dans le lit où elles
coulent, et enfin en les débarrassant de leur trop
d'acidité à l'aide de quelques sels alcalins.

*D. Quelles sont les eaux les plus propres à la végé-
tation ?*

R. Ce sont : les eaux de pluie, les eaux fluviales
et celles des sources et des ruisseaux du terrain plutonien ou volcanique des montagnes. Ces dernières,
en filtrant à travers les blocs de lave, de basalte, de
porphyre, de gneiss, de granit, de calcaire argileux
ou de craie, et de feldspath du terrain de transition,
dissolvent les sels de soude et de potasse qui s'y
trouvent depuis leur calcination.

*D. Quelles sont les matières contenues dans l'eau
fluviale?*

R. Ce sont : les sulfates, les carbonates, les phosphates et les silicates de chaux, de magnésie, de
soude, de potasse, de fer, etc.; des matières organiques, des sels ammoniacaux ; en un mot, tous les
sels qui entrent dans l'organisation des plantes. Voilà

pourquoi les prairies bien arrosées produisent beaucoup sans être fumées.

D. *Quelles sont les véritables causes de la pluie?*

R. Durant les fortes chaleurs de l'été, l'évaporation peut faire passer 80 grammes d'eau dans 1 mètre cube d'air atmosphérique; cette évaporation s'opère à la surface des mers, des lacs, des étangs et des cours d'eau; elle est augmentée par la transpiration de la terre, des végétaux et des animaux, et par la respiration de ces deux derniers. Un homme de taille ordinaire rejette par ces deux moyens, en vingt-quatre heures, 900 grammes d'eau dans l'atmosphère. Cette vapeur, se condensant par les vents ou dans une température froide, tombe en pluie, etc.

D. *Quelles sont les matières contenues dans l'eau de pluie?*

R. Ce sont : l'azote, le carbone, l'ammoniaque, la chaux, le chlore, la soude, la potasse, le fer, le soufre, la silice, le phosphore, la magnésie, le manganèse, et leurs composés, à l'état de dissolution ou de poussière; on y trouve aussi des matières organiques provenant des émanations qui se dégagent des matières en putréfaction, des vases et des marais desséchés. Ces miasmes, si nuisibles à la vie des hommes et des animaux, sont fort utiles à la végétation.

D. *Pourquoi les miasmes ne se dégagent-ils que des vases et des marais desséchés?*

R. Parce que les matières organiques qui s'y trouvent, ne pouvant se décomposer sous l'eau, entrent rapidement en fermentation dès qu'elles sont pénétrées par la chaleur, et dégagent cet air délétère qui décime les populations des basses contrées. On remédie à cet inconvénient en pratiquant le drainage sur une grande échelle.

D. *Comment s'opère la transpiration du sol?*

R. Au fur et à mesure que la chaleur fait évaporer l'eau de la couche supérieure du sol, l'eau des couches

inférieures passe dans la couche supérieure, afin d'é-
tablir l'équilibre de l'humidité ; et, dans ce mouvement ascensionnel, elle ramène aux racines des
plantes les engrais que des eaux trop abondantes auraient pu entraîner dans le sol inerte ou les couches
inférieures de la terre meuble.

D. Quelle est l'influence de l'eau sur une contrée ?

R. Le pays où les eaux salubres et propres aux
usages de la vie abondent, a une population nombreuse, saine et robuste, une faune admirable et
une agriculture florissante. Les eaux potables sont
limpides et fraîches ; elles n'ont ni odeur, ni saveur
désagréable, ne sont ni trop douces, ni trop fades,
ni trop salées, et ne contiennent pas un gramme par
litre de matières salines ou minérales.

*D. Quelle est la quantité d'eau nécessaire à la bonne
végétation d'une prairie ?*

R. Une expérience pratique, la connaissance du
climat, la position des lieux, l'étude du sol et du
sous-sol, le besoin des plantes et la qualité des eaux
peuvent nous fixer. Un hectare de prairie sur le sol
argileux exige de 200 à 400 mètres cubes d'eau pour
chaque arrosage, selon qu'elle se trouve dans le nord
ou le midi de la France ; le sol calcaire en demande
le double, et le sol sablonneux et les terres arables,
le triple.

TROISIÈME PARTIE.

LES PLANTES.

—

DIX-SEPTIÈME LEÇON.

PLANTES CULTURALES.

D. En combien de catégories divise-t-on les plantes culturales ?

R. En trois, savoir : les plantes céréales, dont les grains réduits en farine servent à la fabrication du pain ; les plantes fourragères, qui servent à nourrir les animaux ; et les plantes industrielles ou commerciales.

D. Quelles sont les principales variétés de céréales ?

R. Ce sont : le blé d'hiver et de mars qui compte 12 espèces et près de 360 variétés, telles que : le blé blanc de Flandre, de Hongrie, d'Odessa, d'Alger et de Sicile, le rouge velu de Crète, le barbu de Toscane, d'Arles, du Caucase et de Naples, le poulard de Touraine et le rouge de Dantzick ; le seigle d'hiver et du printemps, l'escourgeon, l'orge noire, la grande orge à deux rangs, la petite orge à quatre rangs, l'orge céleste nue à six rangs, l'orge nue à deux rangs et l'orge chevalier ; l'avoine commune, l'avoine d'Orient unilatérale, l'avoine nue et l'avoine rude ; le riz, le maïs, le millet, le sarrasin, le sorgho et l'alpiste.

D. En combien de familles divise-t-on les plantes fourragères ?

R. On les divise en quatre, savoir : la famille des légumineuses, celle des crucifères, celle des graminées, et celle des racines.

D. *Quelles sont les principales légumineuses ?*

R. Ce sont : le lupin, la luzerne, les trèfles, les haricots, la réglisse, la gesse, les pois, les genets, les jarrosses, la fève, la lentille, la lupuline, le mélilot, la minette, l'esparcette ou sainfoin, les lotiers, les cytises, etc.

D. *Quelles sont les principales crucifères ?*

R. Ce sont : le raifort, la ravenelle, les choux, le chou-rave, le chou-navet, les moutardes, la cameline, le pastel, la gaude, la spergule, la chicorée, la pimprenelle, l'ivraie, le ray-grass, le sarrasin, le millet, le sorgho, le maïs, le seigle et l'avoine.

D. *Quelles sont les principales plantes racines ?*

R. Ce sont : les pommes de terre, betteraves, carottes, topinambours, panais, navets, raves, radis, rutabaga, igname, cerfeuil bulbeux, batate et arracacha.

D. *Quelles sont les principales graminées ?*

R. Ce sont : les céréales, le chiendent, la digitaire, les barbons, la canne à sucre, les panics, le sectaire d'Italie, les paturins, le phalaris, la flouve odorante, les vulpins, les phléoles, les agrostis, les avoines sauvages, les conches, la danthonine, les glycéries ou fétuques, les houques, les seslères, les cynosures, les bromes ou faux seigles, les méliques, les dactyles, etc.

D. *Quelles sont les principales plantes industrielles ?*

R. Ce sont : les plantes oléagineuses, textiles, tinctoriales, médicinales et commerciales.

D. *Quelles sont les principales plantes oléagineuses ?*

R. Ce sont : l'olivier, le noyer, le hêtre; le noisetier, avelinier ou coudrier; le laurier, le pavot, le colza, la navette, la cameline, la moutarde blanche, le lin, le chanvre, la gaude, l'hélianthe, le fusin et le cotonnier, dont le fruit ou la graine servent à la fabrication des huiles.

D. *Quelles sont les principales plantes textiles ?*

R. Ce sont : le chanvre, le lin et l'hélianthe, cultivés pour l'huile que l'on extrait de leur graine et pour la filasse que l'on enlève de leur tige ; les fibres de l'écorce de l'ananas, celles des feuilles du yucca filamenteux, de la capsule du cotonnier et du phormium-tenax ou lin de la Nouvelle-Zélande, s'emploient dans la fabrication des étoffes et des cordes.

D. *Faites-nous connaître les principales plantes tinctoriales ?*

R. Ces plantes sont celles qui fournissent les couleurs végétales aux arts et à l'industrie, telles que : la garance, le pastel, la gaude, l'hélianthe, et le lichen blanc connu sous le nom d'aparelle ou orseille d'Auvergne, qui croît sur les roches basaltiques du Cantal, du Mont-d'Or et du Puy-de-Dôme ; ce lichen renferme un principe colorant d'un beau rouge amarante.

D. *Quelles sont les principales plantes médicinales ?*

R. Ce sont, comme purgatives : la chicorée, le séné, la rhubarbe ; comme diurétiques : le persil, la pariétaire, la réglisse, le céleri, les racines de patience, d'ache et de scille ; comme sudorifiques : la sauge, la menthe, la fleur de sureau, de tilleul et d'oranger ; comme dépuratives : la clématite, la douce-amère, la saponaire et la salsepareille ; comme vermifuges : la coralline ou mousse de Corse, l'absinthe, la racine du grenadier et les sommités d'armoise ; comme pectorales : la mauve, la guimauve, la bourrache, la fleur de pavot et de coquelicot ; comme toniques : la gentiane, la patience, la centaurée, l'oranger et le gland torréfié ; comme narcotiques : la jusquiame, la morelle, la digitale, le stramoine, la ciguë et le tabac.

D. *Quelles sont les principales plantes commerciales ?*

R. Ce sont : le houblon, le mûrier, la cardère, le tabac, le chêne-liége, la vigne, les arbres fruitiers et ceux produisant les bois de charpente, de construction pour les navires, les meubles, l'outillage, le charronnage et le chauffage ; le corail, les champignons, les truffes et toutes les plantes potagères.

D. *Quelles sont les plantes dont la culture nettoie et améliore le sol ?*

R. Ce sont : les trèfles, sainfoin, luzerne, fèves, betteraves, pommes de terre, choux, carottes, navets, sarrasin, lesquelles tirent leur principale nourriture de l'atmosphère, et laissent à la terre plus d'engrais qu'elles ne lui en absorbent ; elles favorisent, par leur croissance rapide et les cultures qu'on leur donne, la destruction des mauvaises herbes.

D. *Quelles sont les plantes qui épuisent et salissent le sol ?*

R. Ce sont : les froments, seigles, avoines, orges, lin et chanvre, lesquelles tirent leur principale nourriture de la terre, et dont le peu d'abondance de leurs feuilles permet aux herbes nuisibles de se développer, d'infester le sol et d'étouffer parfois les plus belles récoltes.

D. *D'où nous viennent les principales plantes culturales ?*

R. Le blé, le sarrasin, l'épinard, l'asperge, l'échalotte, le melon, la vigne, le noyer, le coignassier, le grenadier, le prunier, le châtaignier, le coudrier, le figuier, le cerisier, le pêcher, le citronnier et l'abricotier nous viennent de l'Asie ; le seigle et le chou blanc, du Nord ; l'amandier, l'anis, le persil, l'ognon, le riz et le chou vert, de l'Afrique ; le maïs, la pomme de terre, le topinambour, le tabac, la salsepareille et le chêne-hêtre, de l'Amérique ; le ricin, le haricot et l'oranger, de l'Inde ; le laurier, l'olivier, le fenouil, le cresson et la laitue, de la Grèce ; l'artichaut et le cerfeuil, de l'Italie ; le concombre, de l'Espagne.

D. *En combien de zones se divise la culture de la France ?*

R. En cinq, savoir : la zone de l'oranger, comprise au sud-est de la ligne droite tracée de Perpignan à Digne ; celle de l'olivier, au sud-est de la ligne tracée de Foix à la source de l'Isère ; celle du maïs, au sud-est de la ligne tracée de l'embouchure de la

Charente à l'affluent de la Lauter et du Rhin ; celle de
la vigne, au sud-est de la ligne tracée de Vannes à
Cologne ; et celle du pommier, au nord-ouest de cette
dernière ligne.

DIX-HUITIÈME LEÇON.

CULTURE DES GRAINS.

D. *Par quels moyens l'agriculteur peut-il obtenir
de bonnes récoltes ?*

R. En semant, dans des terres bien préparées, des
grains murs, lourds, ayant l'écorce fine et lisse, dé-
barrassés de toute graine étrangère, chaulés ou sul-
atés, récoltés la même année, dans une terre plus
maigre que celle où il veut les semer, dans une contrée plus tardive que celle qu'il habite, et sous un
climat plus rude que le sien, en connaissant la culture du sol qui les reçoit, le climat qui les favorise,
et la place qu'ils veulent dans l'assolement et la rotation.

D. *Quels sont les principaux systèmes d'assolement ?*

R. Ce sont : les biennal, triennal, quadrennal,
quinquennal et sexennal, que l'on pratique selon la
bonté du terrain, la température des lieux, l'usage
des localités, et les capitaux dont on dispose. Le système sexennal est le plus convenable, le plus économique, le plus avantageux, et le plus à la portée des
exigences des plantes dans toutes les localités.

D. *Comment pratique-t-on le système sexennal?*

R. La première année, on met sur un trèfle rompu
en hiver : blé de mars, pommes de terre, betteraves,
etc. ; — la seconde année : seigle ou froment ; — la
troisième année : vesces, méteils, trèfle incarnat, que
l'on remplace en mai et en juin par : pommes de terre,

betteraves, chanvre, lin, maïs, sarrasin, etc.; — quatrième année : seigle ou froment, sur lesquels on sème le trèfle; — cinquième année : trèfle; — sixième année : trèfle.

D. *Comment cultive-t-on les froments ?*

R. On sème, selon la variété des grains, le climat et la contrée, en septembre, octobre, novembre, mars et avril, à raison de 175 à 200 litres de grain par hectare, dans les terres franches, fortes, calcaires, granitiques, bien préparées, fumées et nivelées, après jachère, prés et trèfles rompus, colza, navette, les farineux, les plantes racines et les légumineuses. Ils veulent un climat tempéré, un sol riche, drainé, et ne pas être rantouillés. Les blés à balle adhérente demandent la même culture. L'engrain, ou blé lucular, doit bien mûrir, et ne pas être mouillé lors de la moisson. L'épeautre aime un sol sec et maigre, craint la rouille, et vient après toutes les autres récoltes, comme le blé amidonnier.

D. *Comment cultive-t-on le seigle ?*

R. On sème, en septembre ou en mars, 200 litres de grain par hectare, dans les terres franches, tourbeuses, volcaniques, sablonneuses, schisteuses, granitiques, les landes écobuées, nettoyées, nivelées ou drainées, fumées de frais, après les trèfles, les prés et pâturages rompus, le défrichement des bois, les farineux, les racines et les légumineuses; on le recouvre légèrement, et on roule fortement le sol.

L'ergot du seigle étant un violent poison, ne doit pas entrer dans la panification.

D. *Comment cultive-t-on les diverses variétés d'orges ?*

R. On sème, en septembre, 250 hectolitres d'escourgeon par hectare, dans un sol riche, drainé, nettoyé et fumé, après les plantes sarclées, la jachère, les trèfles, le colza et l'avoine. L'orge du printemps se sème en avril, réussit dans toutes les terres, sous tous les climats et après toutes les autres récoltes.

L'orge céleste et l'orge à deux rangs craignent peu le froid. L'orge doit tremper vingt-quatre heures dans le purin avant d'être ensemencé.

D. *Comment cultive-t-on les diverses espèces d'avoines?*

R. On sème, en septembre, février et mars, 275 litres de graine par hectare, dans les terres fortes et les marais desséchés, après les défrichements, trèfles, pâturages et prés rompus, les farineux et les plantes sarclées. L'avoine d'hiver veut un climat doux, et un sol moins riche que celle d'Orient.

D. *Comment cultive-t-on le millet et le maïs ?*

R. On sème, en mai et juin, 40 litres de graine par hectare, dans un sol riche, drainé, nettoyé et fumé, sous un climat chaud et tempéré, après les céréales d'hiver, les racines et le trèfle. Le millet à épis aime une terre forte ; le grand maïs une terre forte, franche, calcaire, sablonneuse, sèche et riche ; le maïs quarantin se sème en juin, croît vite et vient moins haut.

D. *Comment cultive-t-on les farineux ?*

R. Les pois gris se sèment en septembre, les jaunes et les verts en mars et avril, dans une terre franche, volcanique et de bruyère ; le haricot et le sarrasin, de mai en juillet, dans les terres légères, à raison de 40 litres par hectare, après le lin, le seigle, le colza, la navette, les vesces, les défrichements, les prés, les trèfles et les pâturages rompus.

D. *Comment cultive-t-on le riz ?*

R. Le riz est la base de la nourriture de la moitié des habitants du globe ; on le sème comme l'orge ; il veut un terrain humide, bas et plat, un climat chaud et des arrosages abondants et fréquents. Donnés intérieurement par le moyen du drainage, ces arrosages exerceraient une grande influence sur la salubrité de la contrée.

D. *Quels soins réclament les plantes pendant leur croissance ?*

R. Au printemps, elles veulent être sarclées, binées, hersées dans les terres fortes, roulées dans les terres légères, toutes les fois que le sol, durci par la sécheresse, forme une croûte. Quand la végétation est trop vigoureuse vers la fin de l'hiver, on fait paître le blé aux brebis pour empêcher qu'il ne verse. On les balaie fortement pendant les fortes gelées, afin de détruire les radis sauvages et autres mauvaises herbes.

D. Comment s'oppose-t-on aux ravages causés par les limaces ?

R. On répand, à la volée, de la chaux éteinte, des cendres non lessivées, sur les jeunes blés, et on roule fortement; ou bien encore on fait passer sur l'emblave, à plusieurs reprises, une troupe de dindons, qui détruisent complètement les limaces.

D. Quand est-ce qu'on doit faire la moisson ?

R. Lorsque les pailles jaunissent et que le grain résiste à la pression de l'ongle. Le froment se coupe un peu avant maturité parfaite; les gerbes sèches sont dépiquées dehors à la belle saison, ou mises en meules ou dans les granges. Le grain est vanné, séché, et emmagasiné dans les greniers par couches de 40 centimètres d'épaisseur seulement.

D. Comment préserve-t-on le blé du charbon ?

R. En faisant tremper quelques minutes le grain de semence, vingt-quatre heures avant de le semer, dans une solution de chaux ou de sulfate de cuivre.

D. Comment détruit-on l'alucite et le charançon ?

R. On introduit les grains attaqués dans des tonneaux soufrés, d'où on les retire après les avoir roulés dans tous les sens. L'ail, l'assa-fœtida, les feuilles et l'écorce du sureau, du chanvre et des tomates, pilés ensemble, le chlorure de chaux malaxé avec du saindoux, et déposé par petits tas dans les greniers, écartent ces animaux nuisibles, lesquels dévorent, avec les rats et les teignes, le quart des récoltes en grains. Mais des silos bien construits et garnis de plaques de tôle conservent les grains indéfiniment.

DIX-NEUVIÈME LEÇON.

CULTURE DE LA VIGNE.

D. *Qu'est-ce que la vigne ?*

R. C'est un arbrisseau sarmenteux que l'on cultive en France, au sud-est de la ligne droite tracée sur la carte, de Vannes à Cologne. Son raisin donne le vin, si utile à l'existence et à la santé de l'homme; il est aussi un excellent comestible pour la table, soit qu'on le serve sec, soit qu'on le serve frais.

D. *Quelles sont les terres propres à la culture de la vigne ?*

R. Pour les cépages fins et les vins estimés, ce sont : les terres franches, caillouteuses, graveleuses, sablonneuses, granitiques, schisteuses, calcaires, volcaniques, tourbeuses, douces, sèches, maigres, légères, arides et inclinées sur le penchant des coteaux. Pour les cépages grossiers et les vins ordinaires, ce sont : les terres fortes, argileuses, marneuses, et glaises, pourvu qu'elles soient drainées, bien égouttées, et qu'elles contiennent assez de chaux et de potasse.

D. *D'où proviennent l'arome et la finesse des vins de graves ?*

R. De ce que ces terres, ordinairement maigres, légères et renfermant beaucoup de silicate de potasse, s'échauffent facilement, favorisent la végétation des plantes aromatiques, telles que romarin, thym, serpolet, fraisier, sauge, mélisse, origan, menthe, œillets, violettes, etc.; et nous croyons que, si le vin ne tient pas son bouquet du sol, il doit l'emprunter à l'effet causé par les émanations odorantes de ces plantes sur la pellicule des raisins. Quant à la finesse, elle n'est due qu'à la maigreur du sol et aux diverses variétés des cépages.

D. *Citez-nous les principaux crûs de la France.*

R. Ce sont, dans la Gironde : Lafitte, Margaux, Saint-Estèphe, Saint-Julien, Latour, Léoville, Branne-Mouton, Cos-d'Estournel, Haut-Brion, Talence, Barsac, Sauternes, Saint-Émilion, Pomerol, etc.; dans la Bourgogne : les Volneys, les Pomards, la Romanée-Conti, le Chambertin, le Richebourg, le Clos-Vaugeot, etc.; dans le Dauphiné : le Méat, le Greffien, le Bessac, le Beaune, etc.

D. *Quelles sont les expositions les plus favorables à la vigne?*

R. Les terres exposées à l'est, au sud-est et au sud sont celles qui conviennent le mieux à la production et à la qualité des vins; les terres exposées au nord et à l'ouest ne conviennent qu'aux cépages donnant les vins ordinaires et à ceux qui craignent les gelées du printemps.

D. *Quelles sont les situations de terrain les plus avantageuses à la vigne?*

R. Ce sont les plateaux élevés, le penchant des collines, une plus grande altitude dans le midi que dans le centre et le nord de la France, les larges vallées, pourvu que la partie la plus déclive soit en prairie, dépouillée d'arbres et de tertres, afin que les brouillards puissent s'écouler librement et ne stationnent pas sur la plaine.

D. *Comment prépare-t-on la terre avant de planter la vigne?*

R. On laboure profondément, dans le sens de la pente, avec la défonceuse ou la pioche; on fume avec des terreaux, des composts nitrifiés ou des engrais bien consommés; en raison inverse de sa qualité et en raison directe du rendement qu'on exige d'elle, on l'amende et on la nivelle parfaitement.

D. *Comment procède-t-on au choix des meilleurs cépages?*

R. A la récolte, et dans toutes les phases de la végétation, le viticulteur marque avec des rubans : les pieds qui donnent les plus beaux produits, des grains écartés, transparents et égaux ; ceux dont la végétation est tardive au printemps et active en automne ; ils craignent moins les gelées blanches, la coulure, la moisissure, etc.; ceux enfin dont le vin est fin, aromatique et d'une belle couleur, sur lesquels il prendra ses boutures lors de la taille et bien avant l'arrivée de la sève.

D. Quels sont les cépages les plus recherchés en France ?

R. Ce sont : l'Olwer en Alsace ; la Serine et le Pineau en Bourgogne ; la Syrah et la Persaigne en Dauphiné ; le Carbenet, le Malbec, le Verdot, le Merlot et l'Isabelle-blanche dans la Gironde. On peut y joindre encore : le Cruchinet, la Carmenère, le Semillon, la Muscadelle, le Grenache, la Malvoisie, les Muscats, la Clairette, le Pic-Poule, la Roussette, la Petite-Chiraz, etc.

D. Sur quelles parties du bourgeon doit-on prendre les boutures ?

R. Sur les pousses de l'année, dans la partie la plus grosse, la plus droite, la plus saine et la plus rapprochée de la souche ; on les enfouit ensuite dans une terre franche jusqu'à la plantation, en laissant paraître deux yeux hors de terre et en tassant parfaitement le sol.

D. En quoi consiste la science du vigneron dans la plantation de la vigne ?

R. A faire un choix intelligent du terrain qui convient à chaque variété de cépage; à observer quels sont les cépages qui fleurissent et se fécondent bien, dans les bas-fonds et les terrains gras, sans craindre la coulure ; à connaître, enfin, ceux qui réussissent le mieux sur les coteaux et les plateaux élevés, les terrains maigres, sablonneux, graveleux, caillouteux, pierreux, secs et légers.

D. Comment procède-t-on à la plantation de la vigne ?

R. Dans les mois d'avril et mai, on plante les cros-
settes ou boutures avec ou sans racines, au fossé ou
à la barre, et en quinconces, de 1 à 2 mètres de distance en tous sens ; le couchage des racines doit suivre
la direction des allées, qui vont toujours du nord au
sud ; la profondeur augmente selon qu'on avance du
nord vers le midi de la France, c'est-à-dire de 20 à
30 centimètres pour les terres fortes et de 30 à 40 centimètres pour les terres légères ; on rabat ensuite les
boutures à deux yeux au-dessus du sol.

*D. Pourquoi laisser tant d'espace entre les pieds de
vigne ?*

R. C'est afin de pouvoir donner les façons avec les
instruments attelés dans les terres fortes, de vendan-
ger avec les chars, et de cultiver les céréales entre les
rangs de vigne. D'ailleurs, il ne faut pas oublier que
l'espace et l'air sont la vie des plantes : plus la vigne
est espacée, plus les rayons vivifiants du soleil s'y
font sentir, et plus les raisins y sont beaux et sains.

D. Qu'est-ce que le marcotage ou provignage ?

R. C'est un aste ou provin que l'on courbe pour le
recouvrir de 15 centimètres de terre, afin de remplacer les vieux pieds, et que l'on rabat ensuite à deux
yeux au-dessus du sol. On enlève tous les yeux qui
sont entre la souche et le sol ; un an ou dix-huit mois
après, on le sépare de la souche ; mais il vaut mieux
remplacer les vieilles souches par la greffe ou les
boutures, car le provignage n'améliore jamais les
vins.

D. Qu'est-ce que la greffe de la vigne ?

R. C'est une opération qui a pour but de renouveler ou de changer les variétés des cépages ordinaires
par des cépages plus fins ; on la pratique sur le bois
de tout âge, mais avant que la vigne ne pleure. La
greffe anglaise se pratique sur le bois de même grosseur que le greffe, par deux entailles en biseau allongé, avec encoche ; la greffe triangulaire, sur le
bois plus gros que le greffe ; et la greffe en fente ou

en bouture sur souche et sous terre, sur tous les bois plus gros ou plus minces que le greffe.

D. Peut-on cultiver la vigne sur les pentes dépouillées de terre végétale?

R. Oui, en établissant des rampes horizontales, relevées à l'extérieur, que l'on garnit de terre pour y planter ensuite la vigne ou d'autres arbres fruitiers, lesquels, adossés au talus, seront à l'abri des vents, des pluies froides, des gelées blanches, de la coulure, de la grêle, etc.

VINGTIÈME LEÇON.

TAILLE DE LA VIGNE.

D. Quel est le but de la taille de la vigne?

R. C'est de maîtriser ses allures vagabondes, de donner une forme convenable à sa culture, d'égaliser et de concentrer la sève sur tous les bourgeons que l'on conserve. Le nombre des cots ou coursons et des yeux doit toujours être en rapport direct avec la fertilité et la richesse du sol, la vigueur et la santé du cep.

D. Quand est-ce qu'on doit tailler la vigne?

R. En automne et pendant les jours secs et doux de l'hiver, quand le bois n'est pas gelé, on taille les vignes vieilles, peu vigoureuses ou qui ne craignent pas les gelées blanches, et dont la maturité est tardive, afin d'aviser à l'aoûtement des yeux et à la cicatrisation des plaies; dans toute autre exception, il est bon de tailler la vigne quelques jours avant l'apparition de la sève seulement.

D. Comment procède-t-on à la taille de la vigne?

R. Avec la serpe ou le sécateur, on coupe le bourgeon à 2 ou 3 centimètres au-dessus du dernier œil conservé, afin que la partie du bois qui meurt par la

cicatrisation ne gagne pas ce dernier. Plus la taille
est nette et faite avec un instrument bien tranchant,
plus la cicatrisation est facile ; les bourgeons dont on
ne conserve pas les yeux sont coupés bien ras de la
souche.

D. *Comment taille-t-on la jeune vigne ?*

R. La première année, le cep est rabattu à deux
yeux au-dessus du sol ; la seconde année, à un œil
plus haut ; la troisième année, à un œil plus haut encore, mais à l'opposé de celui de l'année précédente,
afin de conserver le pied droit ; et quand la vigne
a atteint la hauteur qui lui convient, on la dresse en
cordon unilatéral. Dans les bas-fonds, sur les terres
fortes, grasses et humides où les herbes croissent rapidement, la vigne a nécessairement plus de hauteur :
elle y constitue les hautains. Sur les coteaux secs, les
terrains maigres et dans les graves, on cultive la vigne
moyenne et la vigne basse.

D. *Comment taille-t-on la vigne de cinq ans et au-
dessus ?*

R. Quelle que soit sa hauteur, on y laisse un aste
de six à douze yeux, que l'on courbe et que l'on attache presque horizontalement sur un fil de fer galva-
nisé ; cette branche à fruit est renouvelée tous les ans.
On laisse, en outre, un courson à deux yeux destiné
à donner deux branches à bois qui s'élèveront perpendiculairement, et que l'on soutiendra par une carrassonne de pin gemmé. La taille courte donne un
bois plus vigoureux ; la taille longue donne moins de
bois, mais beaucoup plus de fruit. La courbure des
astes, le choix et la distribution des cots et des yeux
demandent beaucoup de soins et d'intelligence.

D. *En quoi consiste l'échalassement de la vigne ?*

R. Dans l'art d'assujettir les souches à l'aide des
carrassonnes et des fils de fer galvanisés allant d'une
carrassonne à l'autre, sur deux rangs, et supportés,
aux deux extrémités, par deux culées en bois injecté
au sulfate de cuivre. Un seul fil de fer pour les vignes

basses peut suffire ; mais deux rangs facilitent beaucoup le palissage ou accolage.

D. *Quand est-ce qu'on doit donner les façons à la vigne ?*

R. Pendant les beaux jours de février et de mars, on donne un labour pour les terres fortes ; pour les terres légères, on donne la première façon en avril ; la seconde façon se donne en juin pour déchausser le pied des ceps, et la troisième au commencement du mois d'août pour le rechausser. On ne doit pas souffrir d'herbes dans la vigne : cela influe sur la récolte et sur la santé du cep.

D. *Pourquoi laboure-t-on la vigne dans les terres fortes ?*

R. Parce que cette terre durcit considérablement pendant la sécheresse ; alors elle forme des crevasses qui déchirent les chevelus des racines et paralysent la végétation de la vigne. Quand la terre a été bien ameublie par un premier labour et qu'elle reçoit ensuite les façons en temps voulu, cet inconvénient n'a pas lieu.

D. *Qu'est-ce que l'accolage ou palissage de la vigne ?*

R. C'est l'art d'assujétir en les attachant les jeunes sarments aux carrassonnes ou aux fils de fer avec des ligatures d'osier pour empêcher que le vent ne les rompe et ne détruise dans un instant toutes les apparences d'une bonne récolte ; en outre, il a pour but de soumettre les bourgeons et les grappes à la triple et bienfaisante action de l'atmosphère, de la lumière et de la chaleur.

D. *Comment préserve-t-on la vigne de l'intempérie des saisons ?*

R. On pose des paillassons doubles sur les vignes en plein champ et des paillassons simples sur celles qui sont adossées aux murs et aux rampes des coteaux ; ces paillassons s'élèvent, s'inclinent ou s'abaissent à volonté sur les pieds-droits qui les supportent. Ainsi abritée, une vigne est préservée contre les ge-

lées blanches, les pluies froides, la coulure et la grêle,
les raisins y mûrissent mieux, et la récolte est certaine.

D. *Comment pratique-t-on le pinçage et l'ébourgeonnement ?*

R. Quand la floraison est avancée, on supprime le
haut d'une pousse avec les ongles du pouce et de
l'index; cette suppression a lieu seulement sur les
branches à fruit au-dessus de la sixième ou de la
septième feuille du bourgeon. Le pinçage a pour but
de concentrer la sève sur les grappes, afin d'en augmenter le volume et d'en activer la maturité; il dirige
la sève selon le besoin des fruits, leur donne une
bonne constitution, et facilite l'aoûtage des yeux et
la fécondation des fleurs; les branches à bois ne sont
pas pincées. L'ébourgeonnement consiste à enlever
les bourgeons gourmands, mal placés, inutiles, ceux
qui n'ont pas de fruit.

D. *En quoi consiste l'égrappement ?*

R. Dans les années de bonne apparence, quand
les raisins ont acquis la grosseur d'un pois sur les
pieds qui ne sont pas trop vigoureux, on retranche
avec des ciseaux, dans chaque bourgeon, toutes les
petites grappes qui sont en sus des trois plus belles;
dix ou quinze grappes suffisent sur un cépage fin,
tandis que les cépages ordinaires supportent de vingt
à cinquante grappes, selon la vigueur du cep et la
richesse du sol.

D. *Quand est-ce que l'on pratique l'épamprement ?*

R. Lorsque les raisins arrivent à la moitié de leur
maturation, on enlève les feuilles qui couvrent les
grappes en laissant tenir le pétiole au bourgeon; ou
mieux encore, on écarte les feuilles sans les couper,
afin d'exposer les grappes à l'air et à la lumière. L'é-
pamprement active la maturité des raisins, et leur fait
acquérir une parfaite coloration et une fort belle
transparence.

D. *Comment combat-on l'oïdium ou maladie de la
vigne ?*

R. On répand, à l'aide d'un soufflet, 75 kilog. de soufre trituré par hectare, en trois opérations différentes, par un temps calme et pas trop chaud : la première quand les bourgeons ont atteint la longueur de 15 à 25 centimètres, la seconde sur la fleur, et la troisième qui doit être moins forte quand les raisins ont acquis la grosseur d'un pois.

D. Comment procède-t-on à la vendange ?

R. On ramasse avec précaution les raisins dans des bastots, on les égrappe, on les écrase dans le pressoir, on les met dans la cuve où ils restent un temps déterminé par la fermentation; après quoi, on soutire le vin dans des barriques, et on le traite par le soutirage et le collage. Il est bon de savoir que les collages trop forts enlèvent aux vins fins la quantité de tannin qu'ils renferment, et que ce tannin est le principe bienfaisant de ces vins.

VINGT-UNIÈME LEÇON.

PLANTES INDUSTRIELLES.

D. Comment cultive-t-on le colza ?

R. On sème, en mai ou en juillet, dix litres de graine par hectare, dans les terres légères, sèches, meubles, nettoyées et bien fumées, après froment, orge, avoine, lin, vesces, trèfles, récoltes sarclées, pâturages et prés rompus; on le repique à la distance de 15 centimètres sur un côté et de 30 sur l'autre; on bine, on sarcle, et on butte au besoin. Lorsque les siliques jaunissent, on fait la moisson pendant la rosée du soir et du matin; on met en meule. La graine donne l'huile à brûler; le tourteau et la paille verte servent à nourrir les animaux.

D. Quelle est la culture de la navette ?

R. On sème, dans les mois de mai et d'août, huit

litres de graine par hectare, dans les terres légères, meubles, mais moins riches que pour le colza, après les céréales, les trèfles et pâturages rompus, les défrichements et les landes écobuées. La navette de printemps se récolte deux mois après avoir été semée. La graine donne de l'huile, et la paille est excellente pour la nourriture.

D. Quelle est la culture de la cameline et du pavot?

R. On sème, en mai, à la volée, quatre kilogrammes de graine de cameline par hectare, dans toutes les terres, mais principalement dans le sol pauvre, léger, nettoyé et fumé de frais ; on bine, et on éclaircit au besoin. Cette plante ne craint ni la sécheresse, ni les insectes ; elle remplace avantageusement les récoltes qui ont manqué en hiver, croît vite, et se récolte en août.

Le pavot se sème en automne, à la volée ou en ligne, à raison de deux kilogrammes de graine par hectare, dans une terre franche, meuble et riche, après les prairies artificielles rompues et les récoltes sarclées. On repique à 20 centimètres de distance, on bine, et on sarcle au besoin.

D. Comment cultive-t-on les deux sortes de moutarde?

R. On sème à la volée, en mars ou avril, huit kilogrammes de graine par hectare, dans une terre franche, meuble, riche, nettoyée et bien fumée. La noire demande un sol plus riche que la blanche ; elle s'égraine facilement, et veut être bien ménagée lors de la récolte.

D. Expliquez-nous la culture du chanvre?

R. On sème à la volée, en mai et juin, trois cents litres de chenevis par hectare, dans le sol léger, sablonneux, tourbeux, limoneux, volcanique, meuble et fumé de frais ; il aime à venir tous les ans à la même place ; on lui consacre un emplacement appelé chenevière ; on le couvre légèrement. Le chanvre mâle s'arrache brin à brin, quand le pollen ou poussière

fécondante s'envole, et le chanvre femelle quand le
chenevis prend un gris foncé. On le fait rouir dans
l'eau, sur les prés marécageux ou sur les champs en
chaume, puis on le fait sécher au four ou au soleil,
et on le tille avec des machines.

D. *Faites-nous connaître la culture du lin?*

R. On sème à la volée, en mars ou en septembre,
deux cents litres de graine par hectare si on le cultive
pour la graine, et trois cents litres si on le cultive ex-
clusivement pour la filasse, dans les mêmes terres
que le chanvre, mais après les récoltes sarclées, les
prairies artificielles et prés rompus. On le rame, on
le sarcle au besoin. Il ne doit revenir à la même place
que tous les dix ans.

D. *Quelle est la culture qui convient au pastel?*

R. Cette plante bisannuelle, qui se recommande par
le principe colorant de ses feuilles, se sème, en mars
et octobre, à raison de 20 kilogrammes de graine par
hectare, espacée en tous sens de 15 centimètres, dans
une terre franche, graveleuse, meuble, sèche et bien
fumée.

Les semailles de mars donnent deux récoltes la première année, et trois la dernière.   .

Cultivé comme fourrage, le pastel donne toujours
un plus grand bénéfice.

D. *Qu'est-ce que la gaude?*

R. Cette plante, dont toutes les parties fournissent
une couleur jaune, se sème, en mars, avril et août,
à raison de huit kilogrammes de graine par hectare,
dans les terres franches, calcaires, meubles et riches.
On bine, on sarcle, on éclaircit à 15 centimètres dans
tous les sens; et, dès que les graines de la base commencent à noircir, on fait la récolte.

D. *Qu'est-ce que la garance?*

R. Cette plante vivace, à souche traçante, suppor-
tant plusieurs tiges et possédant dans ses racines un
principe colorant en rouge, se sème à la volée, en
mars et avril, à raison de quatre-vingts kilogrammes

de graine par hectare, dans les mêmes terres que la
gaude. L'année suivante, on repique en ligne, à
35 centimètres de distance dans tous les sens; on
sarcle, on bine, on butte au besoin, et on récolte
dix-huit mois après.

D. *Comment cultive-t-on le houblon ?*

R. On plante, au printemps, des plants à trois
nœuds, enracinés, l'écorce jaune en dehors et blanche
en dedans, dans une terre franche, calcaire, meuble,
riche, sèche, abritée des vents de nord et d'ouest, et
bien fumée, par touffes de quatre pieds, distantes de
2 mètres les unes des autres. On arrose par un temps
sec avec des engrais liquides; on étaye avec des pieux
et des perches; on laboure au printemps; on bine,
on sarcle, on butte en été; on taille en automne; on
recouvre les touffes avec du gazon pendant l'hiver, et
on cueille les fruits par un temps bien sec.

D. *Comment récolte-t-on le coton et la laine végétale ?*

R. Le cotonnier, de la famille des malvacées, comprend des herbes et des arbrisseaux dont la capsule
renferme la graine propre à faire de l'huile et un fi-
lament soyeux propre à la fabrication des étoffes. Il
réussit en Algérie et dans le Midi de la France, veut
une terre médiocre, légère et fraîche. On épluche le
coton avec la machine de François Durand.

Pour obtenir la laine végétale, on prend les ai-
guilles de pin, on les débarrasse des essences en les
chauffant fortement et en les lavant ensuite avec des
alcalis; à l'aide des machines, on en détache les fibres, et on file comme d'habitude.

D. *Comment procède-t-on à la culture du tabac e*
des autres plantes industrielles ?

R. On sème la graine, en mars et avril, dans les
terres franches, sèches, légères, meubles, riches,
abritées des vents de nord; on arrose, on sarcle, et
on fait la chasse aux animaux nuisibles; on repique
dans le commencement de juin, et, quand les plantes

atteignent 30 centimètres d'élévation, on enlève peu
à peu les feuilles inférieures jusqu'à 55 centimètres
du sol. Après la naissance de toutes les feuilles, on
étête, on conserve les feuilles voulues, et on récolte
par un temps sec, quand les feuilles commencent à
jaunir.

Le mûrier, l'oranger, l'olivier, le figuier, le safran
et le fraisier veulent un sol caillouteux, graveleux,
sablonneux et léger. L'hélianthe s'accommode de tous
les terrains, et la cardère d'un sol argilo-calcaire.

VINGT-DEUXIÈME LEÇON.

FOURRAGES ARTIFICIELS.

*D. Combien distingue-t-on de sortes de fourrages
artificiels ?*

R. On en distingue deux, savoir : les fourrages
artificiels proprement dits, tels que : trèfles, luzerne,
sainfoins ; et les fourrages racines, tels que : pommes
de terre, topinambours, betteraves, carottes, navets,
raves, etc.

D. Comment cultive-t-on le trèfle commun ?

R. On sème, au printemps, 15 kilog. de graine par
hectare, sur emblave dans les terres riches, meubles,
nettoyées et bien fumées ; on le recouvre, dans les
terres légères, en traînant une claie armée de buis-
sons, et, dans les terres fortes, avec la herse ou le
râteau en fer. Il réussit parfaitement dans les terres
non acides et sèches, veut une année chaude et plu-
vieuse ; l'année suivante on le plâtre, quand ses
feuilles couvrent la terre et qu'elles sont humides,
avec du plâtre cuit, de la chaux, des cendres de
tourbe.

D. Sur quelles récoltes convient-il de le semer ?

R. On le sème ordinairement sur le froment et le

6

seigle d'hiver ; mais, dans le midi de la France, il est plus certain de le semer sur le blé, l'orge et l'avoine du printemps, sur le lin et le sarrasin, parce que le sol, ameubli par les labours de la fin de l'hiver, est plus apte à le recevoir quand les gelées ne sont plus à craindre. Le trèfle blanc, plus touffu que le commun, s'élève moins haut, est moins exigeant, et ne craint pas autant la sécheresse. Le trèfle incarnat veut un sol léger, se sème en août ; on le coupe le printemps suivant pour le remplacer par des racines, etc.

D. *Quelle est la culture que demande la luzerne ?*

R. On sème, en mai ou en septembre, 20 kilog. de graine par hectare, dans un sol argilo-calcaire sec, riche, bien fumé et défoncé profondément ; on la recouvre comme le trèfle ; on sarcle, on bine la première et la deuxième année ; quand le sol se durcit, on donne quelques légers hersages. Dès que les racines sont bien développées, on donne un fort hersage pour la faire taller ; tous les deux ans, en automne, on fume en couverture, avec du fumier ou des terreaux bien consommés ; on la plâtre au printemps, une année entre autres, ou on l'arrose avec des engrais liquides. Elle redoute la cuscute et le sol humide.

D. *Quelle est la culture du maïs, du millet et du sorgho ?*

R. On sème en avril, mai et juin, la graine à la volée, dans une terre franche, légère, riche et bien fumée ; on bine quand les tiges paraissent. On les récolte à la floraison, quand on les cultive comme fourrage. Quand on veut en obtenir la graine, on les sème plus clair et en ligne, et l'on récolte à parfaite maturité.

D. *Comment cultive-t-on le sainfoin ou esparcette ?*

R. On sème au printemps ou en automne, dans les terres franches, fortes, argilo-calcaires, meubles, riches et bien fumées, 400 litres de graine dans son enveloppe par hectare ; elle demande les mêmes soins que la luzerne, et donne de fort beaux produits.

D. Quelle est la culture des vesces et des autres plantes fourragères ?

R. On sème, au printemps ou en automne, 200 litres de graine de vesces par hectare, dans les terres franches, fortes, argilo-calcaires, siliceuses, riches et meubles, sous tous les climats. La lupuline, la spergule, le ray-grass, le choux colossal, la chicorée sauvage, la laitue, le brome ou faux seigle, le vulpin, les phléoles, le fromental, se cultivent dans les terres légères, franches, riches, meubles et sèches.

D. Quand est-ce qu'on doit couper les fourrages artificiels ?

R. Quand la majeure partie de leurs têtes sont en fleurs, afin qu'ils n'épuisent pas trop le sol, et qu'ils ne perdent pas leurs qualités nutritives par la maturation. On étend les andains à mesure que l'on fauche, on les retourne pendant la rosée du soir ou du matin, et on les rentre quand le soleil a disparu, si l'on tient à conserver les feuilles et les fleurs, qui sont les parties les plus précieuses et les plus recherchées des animaux.

D. Quelle est la culture des pommes de terre ?

R. On sème en ligne, dans un sillon sur deux, 20 hectolitres de tubercules sains et de grosseur moyenne par hectare, en mars, avril et mai, dans toutes les terres légères, sèches, meubles, riches en potasse et bien fumées, après les céréales, prairies et pâturages rompus ; elles aiment un climat tempéré ; lorsque le germe paraît, on les herse, et, quelques jours après, on les bine ; avant la floraison, on les chausse avec la houe à cheval ou le hoyau. On les arrache par un temps bien sec, quand les tiges commencent à se faner ou à sécher.

D. Quelle est la culture des topinambours ?

R. On sème 20 hectolitres de tubercules par hectare, en avril, dans les terres argilo-calcaires, franches, légères, sèches et bien fumées, et plusieurs années de suite à la même place, car cette plante s'extirpe difficilement. Les tubercules passent l'hiver dans la terre ; mais ils se pourrissent facilement à l'humidité ; on les arrache à mesure des besoins. La tige tendre est un assez bon fourrage.

D. *Quel e est la culture de la betterave ?*

R. On sème au printemps, à la volée ou en ligne, 5 kilog. de graine de deux ans, bien divisée et ayant trempé deux ou trois jours dans le purin, sur un hectare de superficie, dans les terres franches, fortes, argilo-calcaires, fraîches, légères, meubles, défoncées, pendant l'hiver, par de profonds labours, et bien fumées ; quand les racin s ont atteint la grosseur du petit doigt, on les repique ; on a soin de sarcler et de biner au besoin.

D. *Comment procède-t-on au repiquage de la betterave ?*

R. Au mois de juin, on arrache les racines après avoir bien détrempé le sol par les arrosages ; on les praline en les plongeant dans un mélange assez liquide de purin, de tourbe ou de terreaux ; on raccourcit les feuilles à 15 centimètres du collet ; on repique au plantoir ou à la charrue, à 35 ou 40 centimètres de distance en tous sens, dans un sol bien préparé et bien fumé ; on presse la terre autour de la racine, on bine, on sarcle avec la houe à cheval ; en automne, on enlève les feuilles sèches et inférieures pour les donner au bétail. Dans les terres légères, le semis sur place vaut mieux que le repiquage.

D. *Quelle culture veulent les autres fourrages-racines ?*

R. Les navets se sèment en mai, en ligne ou à la volée, pour les repiquer plus tard dans une terre franche, sablonneuse, granitique, schisteuse, volcanique, tourbeuse, légère, riche, meuble et bien fumée. Les raves veulent un climat humide ; cultivées dans les terres plutoniques ou volcaniques, elles consti-

tuent un aliment sain, léger et délicieux. Le rutabaga
ou chou-rave se cultive comme la betterave, et veut
une terre franche, forte, riche et meuble. Les carottes
et les panais viennent sous tous les climats, dans les
terres fortes, franches, légères, riches, meubles et
bien nettoyées. On les sème au printemps; on bine et
on sarcle au besoin.

VINGT-TROISIÈME LEÇON.

PRAIRIES NATURELLES.

D. *Qu'entendez-vous par prairie naturelle?*
R. Une étendue de gazon soumise à l'irrigation et
destinée à fournir le foin nécessaire à la nourriture
des animaux. Dans la bonne culture, la prairie doit
occuper au moins un quart de la superficie d'une
ferme, et être l'objet de soins tout particuliers,
puisque ses produits sont toujours sûrs, nets et indispensables.

D. *Pourquoi les fourrages sont-ils des produits sûrs,
nets et indispensables?*
R. Parce qu'ils sont l'âme d'une ferme : sans fourrage, pas de bétail; sans bétail, pas d'engrais, pas de
lait, pas de viande, pas de travail pour les instruments
attelés, pas de grande culture possible. On peut donc
dire : Qui fait des prés, fait du blé. Les fourrages ne
demandent presque pas de soins; ils ne sont pas assu-
jettis à être dévastés par les orages ni les gelées; ils
croissent naturellement : c'est l'eau du ciel ou des ruisseaux qui les fait croître, c'est le bétail qui les récolte
en mangeant dans les pâturages.

D. *Quels sont les avantages des prairies naturelles
sur les prairies artificielles?*
R. Les prairies naturelles coûtent moins de travail,
suscitent moins de dépenses pour leur création et leur

entretien, produisent des fourrages plus succulents, plus aromatiques et plus substantiels, épuisent moins le sol actif, et durent éternellement si l'eau ne leur fait pas défaut dans l'irrigation, et si on ne les laisse pas gagner par les mauvaises herbes ou plantes parasites.

D. Quels sont les champs que l'on doit transformer en prairies naturelles?

R. Ce sont tous ceux où l'on peut pratiquer l'irrigation et pour lesquels ou dispose d'une quantité d'eau suffisante pour leur donner les arrosages en temps convenable, soit que ces champs se trouvent en plaine, soit que la pente du terrain les assujettisse à être dépouillés de leur terre végétale par les eaux pluviales. Les terres d'alluvion, fortes ou légères, pourvu qu'elles soient drainées sous un climat humide, et exposées à l'ouest ou au nord, sont dans les meilleures conditions pour donner beaucoup d'herbage.

D. Comment procède-t-on à cette transformation?

R. Dans les terres fortes, on donne un léger labour au commencement de l'hiver; on passe la fouilleuse dans chaque sillon, afin d'en opérer le défonçage sans amener la terre du sous-sol à la surface; on leur confie en mars des engrais abondants et bien consommés que l'on recouvre légèrement. Dans les terres légères, on laboure le sol au printemps, on l'aplanit avec la herse, et on abat les monticules pour remplir les excavations; ensuite on trace et on creuse les fossés principaux et les fossés secondaires d'irrigation pour ne pas détériorer plus tard le gazon, et on pratique un bon système de drainage.

D. Quelles sont les plantes qui conviennent à la création des prairies naturelles?

R. Ce sont: le trèfle blanc, la luzerne, la lupuline, le mélilot, la minette, l'esparcette, le lotier, la spergule, la chicorée, la pimprenelle, l'ivraie, le raygrass, le barbon, l'agrostis, la flouve, la phléole, la canche, la fétuque, la houque, le brôme, la mélique, le pâturin, le dactyle, etc. On sème ces graines au printemps, les plus lourdes les premières, les plus légères ensuite, afin de les égaliser plus convenablement sur le sol; quelques jours après, on sème par-dessus du sarrasin, qui croît vite et met les jeunes herbes à l'abri des ardeurs du soleil. Sur la fin de l'hiver suivant, on fait manger cette herbe aux brebis, afin de la faire mieux taller.

D. *Que reste-t-il à faire après cela?*

R. À la fin du second hiver, on ouvre sur le dos des hauteurs, en suivant la pente du terrain, les rigoles de distribution partant des fossés principaux et des fossés secondaires, et se subdivisant en d'autres rigoles disposées comme les arêtes d'un poisson ou d'un épi de blé, afin de mieux égaliser les eaux sur la prairie et de faciliter les arrosages.

D, *Comment soigne-t-on une prairie?*

R. Dans les beaux jours de l'hiver, on cure les fossés et les rigoles de distribution, on restaure les barrières, on relève les murs affaissés, on clôture les tertres, on enlève les feuilles, les pailles, les branches, les pierres, les mottes de terre qui couvrent le gazon, on étend les taupières, qui, plus tard, gêneraient les faucheurs.

D. *Quelles sont les réparations que réclament les vieilles prairies?*

R. On régénère une vieille prairie et on la défonce sans détruire le gazon, en la labourant avec une fouilleuse, qui laisse retomber le gazon à sa place; on abat les monticules à la main, et on porte dans les cavités la terre provenant de ces déblaiements; on remplace au besoin les rigoles de distribution par des tuyaux de drainage placés à 30 centimètres de profondeur.

D. *Quelles sont les prairies qui donnent les meilleurs fourrages?*

R. Ce sont celles qui se trouvent un peu élevées sur le penchant des collines argilo-calcaires, exposées au midi ou au levant, où croissent la scabieuse et la grande centaurée; ces herbes à tiges fortes doivent être fauchées à la floraison pour être moins dures, et constituer un fourrage plus nutritif et plus savoureux.

D. *Comment procède-t-on à la récolte du foin?*

R. Comme la plupart des graminées se reproduisent tous les ans par leur graine, on les coupe lorsque la majeure partie des têtes sont mûres; mais toujours à la floraison de la scabieuse et de la grande centaurée et quand le beau temps est assuré, afin de ne pas détériorer le foin par la pluie; deux jours de chaleur suffisent pour le faire sécher. Tous les soirs on forme de petits tas que l'on n'étend que le lendemain matin dès que le sol est bien essuyé. Ce foin se retourne deux ou trois fois par jour, et le second jour on le met en meule, ou on le rentre dans les granges ou greniers à foin.

D. *Que doit-on faire si la pluie survient pendant la fenaison?*

R. On laisse le foin à moitié sec en petits tas, et l'herbe fraîchement coupée en andains, que l'on retourne lorsque le dessus est flétri et un peu ressuyé; quant aux chevrottes et aux meules, on profite d'un moment de soleil pour les éparpiller; si la pluie continue, on cesse de faucher, et l'on fait manger à l'étable l'herbe et le foin qui pourraient se gâter. Le foin rentré avant sa parfaite dessiccation, et le regain, sont disposés par couches intercalées avec de la paille bien sèche, afin d'établir l'aération et de prévenir la moisissure.

VINGT-QUATRIÈME LEÇON.

IRRIGATION DES PRAIRIES NATURELLES.

D. *Comment peut-on conduire une bonne irrigation?*

R. En observant les époques les plus favorables pour conduire les eaux sur les prairies; en les don-

nant par petites quantités, pour qu'elles ne courent
ni ne dorment nulle part, et qu'elles s'égalisent convenablement sur toute la surface du gazon ; en ne les
laissant pas longtemps au même endroit, car les meilleures graminées périssent en restant plus de quinze
jours dans l'eau ; et, enfin, en ne donnant les arrosages, durant les grandes chaleurs, qu'après le cou-
cher du soleil, afin que, pendant la nuit, l'eau ne
s'évapore pas et pénètre plus profondément dans le
sol pour y porter la fraîcheur et l'humidité.

*D. Quels sont les mois les plus favorables à l'irri-
gation ?*

R. Ce sont ceux de l'automne et du printemps,
alors que les eaux sont enrichies des engrais accu-
mulés sur les chemins et d'une partie de ceux qu'on a
déposés dans les champs ensemencés ; à ces époques,
les prairies, débarrassées des fourrages, peuvent les
recevoir sans inconvénient. On pratique aussi les arrosages durant l'été, pour combattre les effets de la
sécheresse ; mais, alors, on a soin de n'employer que
des eaux limpides, afin de ne pas détériorer les fourrages qui sont sur pied. Plus ces arrosages seront
fréquents et légers, plus les fourrages seront fins,
savoureux et nutritifs.

*D. Comment peut-on utiliser les eaux boueuses en
été ?*

R. On creuse de grands réservoirs à l'endroit où
elles entrent dans la prairie ; on répand sur elles un
peu de chaux éteinte, pour les clarifier, car les eaux
troubles rouillent les plantes, obstruent leurs pores
ou appareils respiratoires, et les asphyxient. La chaux
éteinte a la propriété de précipiter les matières minérales, et de les faire déposer dans les réservoirs.

*D. Quelles règles doit-on suivre dans la pratique
des arrosages ?*

R. Les plantes dont les racines pénètrent peu dans
le sol, les plantes qui sont en pleine croissance, et
les prairies situées sur un terrain chaud et léger, veu-

lent des arrosages fréquents et abondants; les graines
en germination et les jeunes plantes exigent des arrosages fréquents et légers; les plantes à longues racines, celles qui arrivent à maturité, les prairies des
terres fortes et humides, se contentent d'arrosages
peu fréquents. L'eau abondante favorise la production
des herbes et des feuilles; l'eau peu abondante favorise la production des fleurs et des fruits.

D. *Combien distingue-t-on de systèmes d'irrigation?*
R. On en distingue trois, savoir : l'irrigation par
immersion, ou l'inondation du gazon par le moyen
des fossés principaux, des fossés secondaires et des
rigoles de distribution; l'irrigation par infiltration,
qui se pratique à l'aide des fossés-niveaux; et l'irrigation par le drainage. L'irrigation par immersion
consiste à donner de forts arrosages en février, mars
et avril; les prairies donnent, par ce système, une
fort bonne coupe de foin en juin ou juillet, et, si on
peut y pratiquer ensuite les arrosages ou qu'il vienne
à pleuvoir, elles fournissent en septembre ou octobre
une bonne coupe de regain.

D. *Comment peut-on pratiquer l'irrigation par le
drainage?*
R. Dans le terrain parfaitement horizontal, on
ferme, à l'aide d'une écluse, les fossés de décharge :
l'eau reflue jusqu'aux extrémités des drains, et pénètre le sol intérieurement; l'équilibre d'humidité
s'établit entre les couches inférieures et les couches
supérieures du sol, pour alimenter la végétation, et
ce système ne laisse rien à désirer pour la salubrité
publique, car les fièvres ravagent les contrées où l'on
pratique les arrosages par immersion.

D. *Doit-on laisser l'eau sur les prairies pendant
l'hiver?*
R. Non, parce que les eaux provenant de la fonte
des neiges entraînent des sables fins qui détériorent
les prairies et donnent naissance à la crête-de-coq ou
tartaric, et, s'il survient de fortes gelées, l'eau di-

minue, ne coule plus sous la glace pour y renouveler l'air, et le gazon périt totalement. On remédie alors à cet inconvénient en faisant briser la glace à coups de hache ou de pioche.

D. *Comment pourrait-on donner plus de développement à l'irrigation?*

R. En prolongeant autant que possible, dans chaque vallée, les fossés-niveaux et les fossés principaux d'irrigation, sans tenir aucun compte du morcellement des terres, afin de pouvoir convertir en de riches et belles prairies des champs pour la plupart arides et incultes, d'améliorer des contrées immenses, et de doubler la fortune et les revenus d'une nation.

D. *Pourquoi l'irrigation peut-elle bonifier le terrain ?*

R. Parce que, durant les grandes chaleurs, l'eau donne au sol de la fraîcheur et de l'humidité; plus ces chaleurs sont intenses, plus les plantes transpirent, et plus elles ont besoin d'être désaltérées. L'eau, dans les froides matinées, prévient les gelées blanches, en ce qu'elle refroidit moins vite que le sol; elle entraîne toujours des sels minéraux et des débris organiques qui bonifient insensiblement les prairies les plus maigres, dont les fourrages sont plus avantageux pour donner de la force aux animaux de trait que pour l'engraissage ou pour les vaches laitières.

D. *Comment bonifie-t-on les eaux d'irrigation ?*

R On met, dans celles qui sont destinées à arroser les terres fortes, froides et acides, de la chaux, du salpêtre, des cendres, de la suie, du guano, du noir animal, et des fumiers chauds; dans celles destinées à arroser les terres alcalines, chaudes et légères, du plâtre, de l'argile, et des fumiers froids et acides, que l'eau dissout et distribue convenablement aux racines des plantes.

D. *Doit-on pratiquer la fumure en couverture dans les prairies naturelles ?*

R. Non, parce que les engrais perdent les gaz fertilisants, qui s'évaporent aux rayons du soleil, et, s'il survient de grandes pluies ou la fonte des neiges quand le sol gelé est impénétrable à l'eau, celle-ci entraîne loin de la propriété les matières grasses et solubles des engrais.

D. *Comment détruit-on les mauvaises herbes des prairies ?*

R. Au printemps, quand le sol est ramolli par la pluie et les arrosages, on arrache les chardons et les colchiques; les carottes sauvages, la ciguë, les renoncules et la patience, à la floraison. Les arrosages détruisent la mousse, la fougère, l'anonis, les roseaux et la bruyère; une solution de sulfate de fer fait disparaître la cuscute; et le drainage, toutes les plantes aquatiques.

VINGT-CINQUIÈME LEÇON.

JARDINS ET VERGERS.

D. *Qu'est-ce qu'un jardin ?*

R. Une étendue de terre riche, meuble et bien amendée, attenant à la maison d'habitation, exposée au midi ou au levant, clôturée, divisée en plusieurs carrés où l'on cultive les plantes potagères, et munie d'une prise d'eau.

Les travaux du jardinage consistent dans la préparation et l'entretien des planches et ados établis sur des couches de fumier, afin d'activer la germination des graines et la végétation des plantes; dans la fabrication et l'emploi des paillassons, châssis et cloches, pour abriter les jeunes plantes; et, enfin, dans l'aménagement des serres, parterres et arbres en espalier.

D. *Quelles sont les principales plantes potagères ?*

R. Ce sont : les pois, fèves, haricots, pommes de terre, carottes, panais, betteraves, radis, navets, salsifis, ognons, poireaux, fraises, échalottes, asperges, céleri, épinards, oseille, chicorée, laitue, mâche, pourpier, persil, cerfeuil, artichauts, framboises, choux, choux-fleurs, capucines, melons, citrouilles, concombres, tomates, champignons, etc. On praline les plantes qui doivent être repiquées, en plongeant la racine dans un mélange de terreau et de purin.

D. Comment cultive-t-on les champignons ?

R. On alterne des couches de terre et de fumier de cheval, où l'on sème et l'on recouvre légèrement le mycelium ou blanc de champignon des espèces comestibles, telles que l'agaric, la morille, le bolet, l'amanite, la clavaire, etc., qui croissent spontanément, par un temps d'orage, sur le fumier, les corps ligneux et filamenteux, les prés humides et ombragés. Tel champignon est ici comestible, et vénéneux ailleurs ; telle personne, par sa prédisposition constitutionnelle, se trouve empoisonnée, et telle autre ne ressent que quelques légers dérangements, en mangeant des cèpes. On peut manger sans crainte les champignons qui ne noircissent pas l'argent pendant la cuisson, et ceux qu'on a desséchés. L'usage de notre gland doux d'Espagne, à cause du tannin qu'il renferme, est un préservatif contre ce genre d'empoisonnement, en ce que le tannin précipite l'albumine, la gélatine et la mucose des champignons, dans lesquelles se trouve toujours le poison, et en détruit les effets.

D. Que pouvez-vous nous dire sur la culture des truffes ?

R. Ces végétaux charnus, noirâtres à l'extérieur, blancs ou marbrés en dedans, savoureux et odorants, de la famille des champignons, n'ont ni tige, ni feuille, ni fleur, ni graine ; ils se reproduisent et croissent dans les terres calcaires, argilo-calcaires, sablonneuses et sèches, labourées au printemps, et

plantées de chêne vert, de chêne blanc, de vigne, de
buis, de bouleau, de pin, de noisetier, de genièvre,
de châtaignier, d'olivier, etc. Quand elles sont mûres,
les chiens et les cochons les sentent, les déterrent,
et les truffiers les ramassent.

D. *Quels sont les arbres fruitiers que l'on cultive
dans un verger?*

R. Ce sont : les pommiers, poiriers, cognassiers,
pruniers, cerisiers, noisetiers, noyers, oliviers,
amandiers, orangers, figuiers, néfliers, etc. Ces arbres veulent une terre riche en potasse, meuble,
sèche et légère. Comme ils épuisent beaucoup le sol,
qu'ils ne vivent pas longtemps, et qu'ils ne doivent
pas se succéder à la même place, il serait bon de les
planter à une grande distance les uns des autres, sur
toute l'étendue de la ferme, mais principalement dans
les prairies naturelles, afin de pouvoir les renouveler
au besoin.

D. *Comment procède-t-on au semis des arbres fruitiers?*

R. On sème, au printemps, à la volée, les noyaux
et les pepins dans une terre chaude, meuble, riche,
sèche et légère; on bine, on sarcle, et, en automne,
on replante en ligne, en rabattant la tige à 10 centimètres au-dessus du sol. Le printemps suivant, on
recèpe ras de terre, et l'on conserve pour flèche le
plus beau bourgeon, pour le greffer deux ou trois ans
après.

D. *Comment doit-on transplanter les arbres fruitiers?*

R. Quelques mois avant la chute des feuilles, on
creuse des trous larges et profonds dans la terre
sèche, meuble et légère, avec des tranchées par où
l'eau s'écoule facilement, et, par un temps doux de
novembre, de décembre ou de janvier, on transplante
les sujets, dépouillés d'une bonne partie de leurs
branches et des racines contusionnées; on les oriente,
on étend par étage les racines latérales sur une bonne

terre, et on plie doucement les racines pivotantes pour leur imprimer une direction circulaire et horizontale.

D. *En quoi consiste la greffe des arbres fruitiers ?*

R. Dans la réunion de la partie d'une plante avec une autre plante sans en altérer la végétation. La greffe en fente a lieu au premier mouvement de la sève du printemps, lorsque l'écorce se décolle de l'aubier. La greffe à l'écusson a lieu vers l'automne, quand la sève va cesser; elle consiste à prendre un œil dormant, à fruit, bien constitué, sur le rameau de l'année que la taille doit supprimer, pour le poser sur un nouveau sujet, à un endroit où l'écorce est lisse, saine, et qu'on a fendu longitudinalement. Cette greffe a pour but de mettre les arbres à fruit, de varier les produits sur un même sujet, et de doter son verger des fruits les plus avantageux.

D. *Quel est le but de la taille et du pincement des arbres à fruit ?*

R. La taille a pour but de mettre les boutons à fruit; de donner à l'arbre une forme convenable, telle que : l'éventail, la palmette, l'espalier, le contre-espalier, la quenouille, le gobelet, la pyramide, le palissage, et le cordon; de distribuer la sève dans toutes les branches, de laisser peu de bois aux arbres faibles et beaucoup aux arbres vigoureux. La taille faible fait partir les yeux en bois, et la taille longue les fait passer à l'état de dards couronnés. Le pinçage fait grossir les rameaux, retenir les fruits, et prépare l'arbre à la taille. On pince les rameaux sur une longueur plus ou moins forte, selon l'essence de l'arbre, la richesse du sol et la vigueur du sujet.

D. *Quel est le nom des parties qui composent l'arbre fruitier ?*

R. Un bourgeon herbacé, en mûrissant, devient ligneux et prend le nom de rameau; le rameau, après être taillé, porte le nom de branche de charpente, et l'œil fixe qu'on laisse à son extrémité devient œil ter-

minal. Les rameaux naissent toujours au bout des
branches; les brindilles, plus faibles que les rameaux, naissent au-dessous de ceux-ci; les dards
prennent naissance au-dessous des brindilles, et les
rosettes au-dessous des dards; les bourses portent le
pédoncule des fruits, et donnent naissance à des boutons à fruit et aux lambourdes, dont le bois, charnu
et cassant à sa base, ne vaut rien pour greffer. Les
brindilles ne valent rien non plus pour greffe.

*D. Comment les ménagères conservent-elles les fruits
dans le fruitier?*

R. Elles les font ramasser par un temps bien sec,
les déposent dans un grenier, et, quand ils sont bien
ressuyés, elles les placent dans des fruitiers bien
secs, bien fermés, et ayant une température constante, sur des tablettes superposées les unes au-
dessus des autres, et garnies de paille; elles les visi-
tent souvent, prennent pour la vente et les besoins
du ménage ceux qui sont bons à manger et ceux qui
pourraient se gâter.

*D. Comment peut-on détruire les insectes nuisibles
aux arbres et aux fruits?*

R. On brûle le nid des chenilles avec une mèche-
bougie attachée au bout d'une longue perche; on détruit les pucerons en seringuant les arbres atteints
avec une forte solution de savon de potasse; on écarte
les fourmis en semant des cendres au pied de l'arbre
ou en l'entourant d'une corde imbibée d'huile d'olive
et de goudron; on détruit les guêpes, au printemps,
sur les fleurs des groseilliers et des chèvrefeuilles, et
on veille, enfin, à la conservation des oiseaux utiles
à l'agriculture, tels que: martinet, hirondelle, caille,
perdrix, alouette, pinson, gobe-mouches, mésange,
fauvette, rossignol, bergeronnette, traquet, bruant,
pic, sitelle, grimpereau, chouette, hibou, orfraie,
chat-huant, pigeon, moineau, corneille, etc., qui
détruisent les vers blancs, larves, chenilles, limaces,
papillons, fourmis, cousins, charançons, guêpes,

rats, souris, etc. Une guêpe détruite au mois d'avril équivaut à la destruction de 5,000 guêpes au mois de septembre.

VINGT-SIXIÈME LEÇON.

BOISEMENT DES MONTAGNES.

D. *Qu'est-ce que les forêts ?*

R. Ce sont de vastes étendues de terrain couvert d'arbres de haute-futaie, fournissant le bois de chauffage et de construction. Les forêts équivalent, en France, à plus de huit millions d'hectares de superficie ; elles empêchent le glissement et le lacèrement de la couche de terre végétale dans le terrain en pente, retiennent les eaux sur les flancs des montagnes, préviennent les inondations, et pourvoient, pendant les grandes chaleurs, aux besoins de l'irrigation des usines hydrauliques et de la navigation fluviale.

D. *Quelles sont les essences d'arbres propres aux forêts ?*

R. Ce sont : celles de chêne, hêtre, bouleau, pin, sapin, mélèze, châtaignier, tremble, cerisier, noyer, acacia, frêne, orme, tilleul, if, érable, charme, merisier, cèdre, peuplier, aulne, cognassier, saule, platane, etc. Les arbres veulent des terres riches en chaux, en potasse et en soude, telles que celles qui contiennent la craie, le mica, l'argile, la chaux, le feldspath, la lave des volcans, le basalte, le granit, le porphyre, le gneiss, etc.

D. *Comment reproduit-on ces diverses essences d'arbres ?*

R. On les reproduit par semis, drageons, boutures et marcottes. On sème en mars et avril, à la volée ou en ligne, dans une terre légère, riche,

meuble et sèche, les graines, noyaux et pepins conservés, en hiver, dans du sable frais et à une température modérée ; on les recouvre par un léger labour
à 25 centimètres de profondeur ; on sarcle, on bine
avec précaution quand le germe paraît. Les drageons
sont des tiges qui sortent des racines des arbres et
boisent le terrain d'alentour. Les boutures sont des
branches qu'on enfonce dans le sol humide pour faire
de nouveaux sujets. Les marcottes sont des rameaux
qui, après avoir été couchés, fendus, tordus ou liés, et
mis en contact avec la terre fraîche, se garnissent de
racines.

D. *Comment peut-on boiser les roches et les coteaux
dépouillés de terre végétale ?*

R. On pratique de distance en distance, à l'aide de
la mine, des rampes horizontales et creusées profondément, où l'on fait descendre la terre des plateaux
supérieurs pour y semer ensuite les essences d'arbres
que le climat, la nature du sol, l'altitude et l'exposition des lieux, ainsi que les besoins des localités,
réclament. Les arbres des forêts n'ont jamais besoin
d'être émondés ; ceux qui se trouvent épars dans les
propriétés et les clôtures doivent être émondés jusqu'à
la moitié de leur hauteur, car, plus un arbre a de
feuilles, plus il absorbe l'acide carbonique de l'atmosphère. Cette opération doit toujours avoir lieu
quand la sève est en repos, c'est-à-dire en novembre,
décembre et janvier.

D. *Quel rôle jouent les forêts sur la salubrité d'une
contrée ?*

R. Les forêts, par l'influence attractive de l'électricité, attirent les brouillards et les nuages sur le
haut des collines et des montagnes qu'elles garnissent,
les dépouillent de leurs eaux, et épurent les miasmes
délétères qu'ils apportent ; la constante humidité qui
en résulte modère les chaleurs de l'été, favorise la
végétation, assainit l'atmosphère, et améliore le
climat d'une contrée. Colbert a dit que la France pé-

rirait faute de bois. Espérons que la houille, le boisement des montagnes, les associations, les cités agricoles, et les fourneaux économiques, la préserveront,
à l'avenir, contre cette prophétie.

*D. Quelle est l'utilité des plantations urbaines et des
routes?*

R. C'est celle de fournir de l'ombrage et une atmosphère toujours saine aux promeneurs et aux voyageurs ; ces arbres s'approprient l'acide carbonique,
si abondant dans les centres de population, le décomposent par leurs feuilles sous l'influence de la lumière, absorbent le carbone, et rejettent l'oxygène
dans l'atmosphère. Un homme rejette de ses poumons
800 litres d'acide carbonique en vingt-quatre heures;
un cheval, 4,600 litres. Une chandelle ordinaire, en
brûlant, vicie plus de 400 litres d'air par heure. L'air,
dans son état normal, contient 25 à 30 décilitres
d'acide carbonique par mètre cube ; dès que la respiration des hommes et des animaux et la combustion
des matières combustibles ont porté cette quantité à
10 litres, l'air est mortel et impropre à l'aspiration ;
la végétation des plantes seules peut le ramener à son
état normal..

*D. Comment les forêts influent-elles sur les sources
et les cours d'eau?*

R. Plus une montagne est boisée, moins les vallées
qui en dépendent sont sujettes aux inondations, et
les cours d'eau qui les sillonnent à se tarir pendant
l'été, et *vice versâ;* l'ombrage des arbres conserve au
sol la fraîcheur et la perméabilité ; les millions de
feuilles dont un arbre est chargé retiennent autant de
gouttes d'eau qui ne tombent à terre que longtemps
après que l'orage a cessé, et pénètrent alors facilement dans le sol ; les feuilles, en se pourrissant sur
place par l'humidité des hivers, donnent un terrain
spongieux propre à absorber une grande quantité
d'eau, laquelle alimente insensiblement les sources
et les ruisseaux des vallées inférieures.

D. *Quelles sont les terres qui conviennent à chaque essence d'arbre ?*

R. Les terres humides, tourbeuses et d'alluvion conviennent aux peupliers, aulnes, saules, platanes et cognassiers, qui se reproduisent par boutures ; les terres fortes et calcaires conviennent aux chênes, noyers, trembles, cerisiers, marronniers, ormeaux et acacias ; le châtaignier, le pin, le sapin, le frêne, le bouleau, le tilleul, le hêtre, l'érable, le charme et le merisier aiment une terre sablonneuse, volcanique, meuble, sèche et légère.

D. *Quelle est l'influence qu'exercent les forêts sur les inondations ?*

R. Quand un orage éclate sur une montagne boisée, la plus grande partie de l'eau pénètre dans le sol, et l'autre, retenue par une infinité d'obstacles, arrive lentement au bas de la montagne et rentre sans difficulté dans le lit des ruisseaux. Si cet orage éclate sur une montagne défrichée, l'eau entraîne un volume considérable de terre, roule avec rapidité au bas de la pente, ne peut pas contenir dans le lit des ruisseaux, et dévaste les récoltes des vallées inférieures. La Garonne charrie annuellement 4 millions de mètres cubes de terre sous le pont de Bordeaux. Encore quelques générations, et nos montagnes ne seront que des roches nues, et nos vallées que des sables arides.

D. *Pourquoi cela ?*

R. Parce que les inondations, trop fréquentes, ne donneront plus le temps de mûrir aux récoltes des vallées ; les eaux, s'écoulant alors rapidement du haut des montagnes, se précipiteront avec furie sur les vallée inférieures pour y porter la désolation ; et ces fléaux seront d'autant plus fréquents et désastreux, que leurs causes se multiplieront chaque jour. Pendant les grandes eaux, la Seine débite à Paris, par seconde, 1,400 mètres cubes, et à l'étiage 75 ; le Rhône, à Lyon, 6,000 mètres, et à l'étiage 250 ;

la Saône, à Lyon, 4,000 mètres, et à l'étiage 60 ; le
Rhin, à Kel, 4,700 mètres, et à l'étiage 380.

D. *Comment peut-on prévenir ces désastres ?*

R. En s'opposant au défrichement des forêts dans
le terrain en pente, en ne laissant en terre arable
que celles qui se trouvent en plaine, en reboisant les
coteaux et les montagnes qui ne peuvent pas être
convertis en prairies ou en pâturages, et enfin, en
procédant à la construction des fossés niveaux, des
réservoirs souterrains et temporaires, et à l'endiguement des cours d'eau.

VINGT-SEPTIÈME LEÇON.

ANIMAUX DOMESTIQUES.

D. *Qu'est-ce que les animaux domestiques ?*

R. Ce sont : le bœuf, le cheval, le mouton, le cochon, l'âne, le mulet, la chèvre, le chien, le chat,
les lapins, les abeilles, les vers à soie, les gallinacés et les poissons, que les hommes sont parvenus
à faire passer de leur état primitif et de liberté à l'état
d'asservissement et de domesticité, et dont les mœurs
sauvages se sont adoucies au contact de la société.
Ces animaux habitent et se nourrissent à la ferme ou
dans ses dépendances, nous sont utiles et indispensables par leur travail, leur viande, leur lait, leur
laine, leur peau, etc.

D. *En combien de catégories divise-t-on les animaux domestiques ?*

R. On les divise en quatre catégories, savoir : les
animaux auxiliaires, utiles par leurs services et leurs
produits ; les animaux alimentaires, utiles par leur
viande et leur lait ; les animaux industriels, utiles
par ce qu'ils fournissent à l'industrie ; et les animaux
accessoires ou d'agrément.

D. *Donnez-nous approximativement l'importance de la faune française?*

R. La France nourrit trois millions de chevaux ou juments, dix millions de bœufs ou vaches, trente-deux millions de moutons ou brebis, cinq millions de cochons ou truies, un million de chèvres, un million de ruches à miel, cinquante mille mulets, ânes ou bardots, les vers à soie, les gallinacés, les poissons et tous les jeunes animaux destinés à l'élevage ou à la boucherie.

D. *Comment peut-on créer et perfectionner les races des animaux?*

R. En recourant à l'appareillement et au croisement avec les races étrangères qui jouissent d'une grande réputation; en visant à l'acclimatation de ces dernières; en élevant les jeunes sujets sous l'influence d'un climat favorable, d'un sol riche et sain où croissent des herbes fines, savoureuses, nutritives et abondantes; en leur donnant dedans, chaque jour, des aliments équivalant à 2 kilogrammes 200 grammes de foin sec pour chaque 100 kilog. pesant de l'animal en vie; en triplant ou en quadruplant cette dose si l'animal travaille, donne du lait ou est soumis à l'engrais; et, enfin, en les faisant passer insensiblement d'une nourriture médiocre et sèche à une nourriture abondante et verte, et *vice versâ*.

D. *Quelle est la valeur comparative des substances alimentaires?*

R. Sont à peu près égaux à 100 kilog. de foin, de regain, de luzerne, de trèfle et de sainfoin secs : 400 kilog. de vesces, luzerne, spergule, trèfle verts et paille de seigle; 300 kilog. de maïs, millet, sorgho verts; pailles de froment, d'orge et d'avoine, carottes, betteraves et rutabagas; 200 kilog. pommes de terre crues; 90 kilog. pommes de terre cuites à la vapeur; 60 kilog. avoine, châtaignes et sarrasin; 50 kilog. orge, seigle, maïs, lin et tourteaux; 40 kilog.

froment, pois et fèveroles; 30 kilog. haricots et lentilles.

D. *En quoi consiste l'appareillement dans les animaux ?*

R. Dans le choix des plus beaux sujets mâles et
femelles de la race que l'on veut perfectionner; on les
accouple, on soigne bien les jeunes sujets pour les
accoupler ensuite à leur tour jusqu'à ce qu'on ait obtenu les résultats désirés, tels que : la grâce dans les
formes, la précocité pour la graisse, l'aptitude au
lait et au travail, l'abondance et la finesse de la laine,
etc. L'amélioration de nos races par elles-mêmes,
quoiqu'on l'obtienne très-lentement, vaut toujours
mieux que le croisement avec les races étrangères,
parce que celles-ci sont toujours moins rustiques que
les nôtres et fort difficiles à acclimater.

D. *Comment s'opère le croisement avec les races
étrangères?*

R. On accouple les plus belles femelles de nos
races avec les plus beaux mâles des races étrangères;
le produit de ce premier croisement s'appelle premier
métis ou demi-sang, lequel, accouplé avec un autre
pur-sang, donne un second métis; on procède ainsi
jusqu'à ce qu'on ait obtenu un sang parfait. Par l'appareillement et le croisement, on substitue de bonnes
et belles races d'animaux à des races communes,
chétives et difformes; on façonne les formes; on
donne la grâce, la légèreté et l'élégance au cheval;
la finesse à la laine des brebis; l'aptitude au lait à
la vache et à la chèvre; la précocité à la graisse au
cochon, au mouton, au bœuf, à la volaille, et la dé-
licatesse à leur chair.

D. *En quoi consiste l'acclimatation?*

R. Dans l'art d'introduire dans le pays les plantes
et les animaux étrangers dont la culture et l'élevage
peuvent être avantageux à notre industrie agricole,
augmenter les revenus de la France et améliorer le
bien-être de la société. On acclimate une plante ou

un animal en l'accoutumant insensiblement à vivre et
à se reproduire malgré l'influence du climat, des aliments, et des usages différents de ceux du pays dont
ils sont originaires, jusqu'à ce que leur constitution
se modifie et s'harmonise avec les conditions de leur
existence nouvelle. Chaque nature de terre ayant sa
faune et sa flore en particulier, il faut qu'un jardin
d'acclimatation renferme, dans son étendue, des terrains marécageux, argileux, argilo-calcaires, calcaires,
argilo-sablonneux et sablonneux, avec des expositions
diverses pour renfermer toutes les conditions désirables.

D. *Comment doit-on traiter les animaux domestiques ?*

R. On doit les traiter par la douceur, car les animaux qui ne sont pas brutalisés viennent librement
et volontairement à nous, se mettent sans défiance à
notre disposition, et nous prodiguent leurs caresses ;
tandis que les animaux mal élevés deviennent méchants, capricieux, fuient notre présence, cherchent
à se défendre de nos attaques et à se venger des coups
que nous leur donnons injustement.

D. *Pourquoi les animaux s'attachent-ils plutôt à un
homme doux qu'à un homme brutal ?*

R. Parce qu'ils comprennent, à nos regards, si
nous sommes pour eux bienveillants ou malveillants ;
les jeunes animaux et tous les animaux bien élevés
s'attachent facilement à l'homme doux, recherchent
sa compagnie, le suivent volontairement, se familia-
risent facilement avec lui, sont toujours heureux de
lui être agréables et utiles, et disposés à le servir au
besoin.

D. *Que doit faire un éleveur après toutes ces consi-
dérations ?*

R. Puisque la patience, l'adresse et l'aménité sont
de sûrs moyens pour perfectionner l'éducation des
animaux domestiques, l'éleveur ne doit jamais leur
parler rudement, les brutaliser, les frapper sans mo-

tifs, les assujettir à un travail trop forcé, et les soumettre à des épreuves qui pourraient être au-dessus de leur intelligence, parce que la nature les a doués d'un sentiment de justice qui leur fait comprendre que, dès qu'ils ont commis une faute, ils doivent accepter de suite la correction qu'on leur inflige, et que, si on les maltraite sans raison, ils deviennent peu à peu irascibles, emportés, rancuneux, capricieux, méchants, finissent par se révolter, s'aperçoivent tôt ou tard qu'ils sont plus forts que leur conducteur, font leur volonté, et n'obéissent à la main qui les guide que quand ils y sont contraints par la force et par les coups.

D. *Comment doit-on agir pour soigner, harnacher et atteler les animaux ?*

R. On tâche, pendant ces opérations, de ne pas les laisser s'impatienter, en agissant adroitement, lestement, et sans se mettre en colère ; il ne faut jamais leur laisser entrevoir qu'on a peur d'eux ; en les flattant avec prudence, on leur fait comprendre qu'on ne veut pas leur faire de mal ; en les conduisant hardiment et adroitement, on les habitue à céder à une force supérieure et incompréhensible contre laquelle il leur est impossible d'opposer la moindre résistance.

VINGT-HUITIÈME LEÇON.

ESPÈCE BOVINE.

D. *Quels sont les animaux de l'espèce bovine ?*

R. Ce sont ceux du genre des mammifères, de l'ordre des ruminants à cornes persistantes, comme le bœuf descendant de l'aurochs ; ils se subdivisent, en France, en plusieurs races, telles que : la Flamande, la Normande, la Mancelle, la Bretonne, la Parthenaise, la Morvandelle, la Franc-Comtoise ou

Femeline, la Charollaise, la Salers-Auvergne, l'Au-
bracaise, la Limousine, la Garonnaise, la Bazadaise,
la Gasconne, la Béarnaise, l'Ariégeoise, etc. Les
races étrangères dont l'introduction nous est avantageuse sont : la Durham, l'Hereford, la Devon, l'Ayr,
la Fribourgeoise, la Schwitz, et la Hollandaise. Toutes
ces races sont plus ou moins rustiques, plus ou moins
aptes au travail, au lait et à la graisse.

*D. Quelle est la race qui réunit au plus haut degré
toutes les qualités et conditions désirables ?*

R. C'est celle de Salers-Auvergne, qui est admirable dans son ensemble et dans sa conformation à
peu près régulière. Si l'on trouve encore, dans cette
race, quelques vices, il faut s'en prendre à l'ignorance et à la cupidité de certains éleveurs qui nourrissent mal leur troupeau pendant l'hiver, et vendent
au printemps, à des prix exorbitants, les plus beaux
reproducteurs aux maquignons des provinces voi-
sines, lesquels, après les avoir fait travailler deux ou
trois ans, les engraissent et les livrent à la boucherie
sous le nom des races du pays où ils ont été en-
graissés, tels que le Charollais rouge, le Parthe-
nais, etc. Leur viande, moins grasse que celle des
races anglaises, est préférée des consommateurs.
L'Auvergne élève et n'engraisse pas, par la raison
que les fourrages donnent plus de bénéfice à nourrir
les vaches laitières qu'à engraisser les animaux de la
boucherie.

*D. Comment procède-t-on à la reproduction dans les
montagnes d'Auvergne ?*

R. On choisit les plus beaux taureaux parmi les fils
des meilleures vaches laitières, bien conformés, bien
portants, ayant le poil luisant, la peau moelleuse,
souple et fine à la main qui la serre, l'œil vif, la tête
fine et légère, l'air doux, la corne mince, fine et lui-
sante, les oreilles souples et jaunes en dedans, le
port fier, le ventre peu volumineux, la poitrine
ample, les muscles bien développés, les reins larges

et le dos droit, pour les livrer à la monte à l'âge de
quinze mois ; ceux de vingt-sept mois sont trop lourds
et trop faciles à s'aguerrir entre eux. Les génisses
sont livrées au taureau à l'âge de vingt-sept mois.
Pour les vacheries seulement, la monte a lieu en juin,
juillet et août. La gestation dure neuf mois. Pendant
ce temps, la vache demande bien des ménagements et
une bonne nourriture, principalement vers la fin de
la portée.

D. *Quels sont les soins que réclament les jeunes
sujets ?*
R. Le vacher prend, trois fois par jour, le jeune
veau sur ses genoux pour lui faire prendre le pis de
la mère ; le premier lait, un peu aigre, produit sur
lui un effet purgatif qui débarrasse ses intestins. Si la
diarrhée persiste, on lui donne le doigt à téter, et en
même temps on plonge la main dans un baquet plein
d'eau de riz qu'il prend alors sans difficulté ; le second mois, on lui donne la pâte d'orge et de sarrasin ;
le troisième mois, du regain ; le quatrième, du foin
menu et l'herbe des pâturages.

D. *Comment doit-on procéder à la nourriture du
bétail ?*
R. On doit lui donner, autant que possible à des
heures fixes et en quantité suffisante, avant de le faire
boire, des fourrages verts et des racines, afin de le
rendre moins altéré ; après qu'il a bu, on doit lui
donner les fourrages secs ; les fourrages grossiers
doivent être hachés, coupés bien menu et mêlés
avec les fourrages fins et tendres, pour que les animaux ne laissent rien dans la mangeoire ; on doit
éviter aussi les excès dans le trop ou dans le manque
de nourriture.

D. *Quelles sont les principales causes de débilita-
tion chez les animaux ?*
R. Ce sont : l'eau prise en excès, les herbes tendres
et toujours acides du printemps et le foin des prairies
basses qui donnent naissance à la presle ; ces trois

choses font que les animaux prennent une mauvaise conformation ; leur ventre se gonfle, les côtes s'élargissent, et leur estomac se rétrécit. On doit donner alternativement les fourrages secs et les fourrages verts ; en buvant après avoir pris ces derniers, les animaux boivent moins, se portent mieux, font plus de travail, engraissent vite ; ils donnent moins de lait, il est vrai, mais ce lait est meilleur.

D. *Qu'est-ce que la méthode de stabulation et la méthode de pâturage ?*

R. La première consiste à nourrir le bétail à l'étable ; cette méthode économise le fourrage, donne plus de fumier, demande plus de bras, permet d'associer les aliments secs aux aliments humides, et ceux d'un fort petit volume avec ceux d'un volume considérable. La seconde consiste à faire paître le bétail dans les prairies et les pâturages ; on ne doit l'adopter que lorsque le manque de bras se fait sentir, et là où l'herbe ne vient pas assez haute pour pouvoir être fauchée, car le piétinement des animaux détériore considérablement le gazon des prairies et les fourrages qui sont sur pied.

D. *Quelles sont les principales conditions pour bien engraisser le bétail ?*

R. Ce sont celles de lui donner des aliments riches et avantageux, renfermant, sous un bien petit volume, la plus grande quantité de matières nutritives, telles que : les fourrages gras, la pâte de farine d'orge et de sarrasin, le gland de chêne, les tourteaux assaisonnés de sel, et la variation de nourriture sèche et de nourriture verte.

D. *Comment fait-on passer le bétail du vert au sec, et réciproquement ?*

R. Dans le premier cas, on lui donne des racines, de la farine en pâte, de la paille et du foin ramollis par la cuisson à la vapeur ; et puis, de temps en temps on donne un peu de foin sec. Dans le second cas, on le fait déjeuner, avant de le sortir de l'étable,

avec du foin et du sel, puis on se munit d'alcali vo-
latil qu'on administre, une ou deux cuillerées dans un
demi-litre d'eau, pour faire prendre aux animaux chez
lesquels la tympanite se déclare.

D. *Quelle est l'influence des aliments sur la produc-*
tion du lait et du beurre ?

R. Plus les matières alimentaires sont sucrées,
comme le maïs, la vesce, le regain, le sainfoin, la
luzerne, le trèfle, le foin, la spergule, etc., plus le
lait et le beurre sont bons et abondants.

D. *A quelles marques connaît-on les meilleures*
vaches laitières ?

R. D'après Guénon, c'est lorsque l'organe lacté,
l'écusson ou rosette formé par des petits poils fins,
courts et soyeux, remontant des mamelles à la vulve
sur l'extérieur des cuisses, est bien développé, et
quand la veine du lait, fort apparente, a sous la
peau, à sa racine au milieu du ventre, un trou où
l'on puisse loger le bout de l'index. L'abondance du
lait se manifeste plus particulièrement de la seconde
à la septième portée de la vache.

D. *Comment doit-on loger les animaux de l'espèce*
bovine ?

R. Dans des étables de 10 à 12 mètres de large,
où ils sont placés en deux files, dos à dos, sur deux
plateformes inclinées de l'avant à l'arrière ; le milieu
formant une allée libre à la circulation et longée par
deux rigoles d'écoulement. Le plancher doit être élevé
de 3 mètres, les ouvertures grandes et nombreuses ;
le pavé, plus élevé que le sol extérieur, est incliné vers
les portes. Pour ne pas être gêné, chaque individu
doit avoir, sur la longueur de l'étable, 1 mètre
30 centimètres d'espace. Une cheminée en planches
pour opérer la ventilation y est indispensable.

VINGT-NEUVIÈME LEÇON.

LAITERIE.

D. *Qu'est-ce que la laiterie ou fromagerie ?*
R. C'est le buron de la Haute-Auvergne, le chalet de la Suisse, le cellier des Pays-Bas, masures un peu enfoncées dans le sol, situées au milieu des pâturages, abritées d'un massif d'ormeaux, de tilleuls ou d'érables, fraîches, proprement tenues, éloignées de toute cause d'infection et du bruit causé par le passage des chars, charrettes et voitures; car toutes ces précautions influent beaucoup sur la conservation des fromages et la séparation de la crème d'avec le lait.

D. *A quelles conditions peut-on fabriquer de bons fromages dans la Haute-Auvergne?*
R. À celles d'avoir une vacherie de quarante vaches au moins; de faire la monte en juin, juillet et août, pour que les vaches mettent bas en mars, avril et mai, et puissent toutes donner du lait quand on leur livre l'herbe tendre des pâturages; de parquer le troupeau, durant la belle saison, à la belle étoile, sur un terrain élevé, sec et gazonné, où les animaux sont abrités des vents froids par des palissages; et enfin, de conserver, pour chaque jour, un peu d'herbe fraîche.

D. *Quelle est la quantité de lait que peut donner une vache?*
R. On trait la vache régulièrement toutes les douze heures, ou bien deux fois par jour, matin et soir, mais toujours à la même heure et pendant deux cent soixante-dix jours de suite. Chaque vache donne de 8 à 18 litres de lait par jour, 13 litres en moyenne, ou 3,510 litres pour toute la saison du lait. Cette **quantité** équivaut à peu près, en poids, au tiers de sa

nourriture sèche. Dans une vacherie d'Auvergne, il y a toujours quelques vaches, à la bonne saison, qui donnent de 20 à 30 litres de lait par jour.

D. *Quelles sont les causes qui influent sur la bonne qualité du lait ?*

R. Le lait des vaches d'un âge moyen est meilleur que celui des vaches trop jeunes ou trop vieilles ; le lait est moins riche en crème et en fromage après la parturition que trois mois plus tard ; le lait trait le matin est plus consistant, à cause du repos de la nuit, que celui de la traite du soir ; le lait de la fin de la traite contient plus de crème que celui du commencement. Les herbes fines, aromatiques et succulentes des terrains plutoniens de l'Auvergne, des Alpes et de la Bretagne, le sel distribué à chaque repas ou répandu sur des fourrages médiocres et avariés par les pluies, augmentent considérablement les qualités du lait.

D. *Comment traite-t-on le lait après avoir trait les vaches ?*

R. On le passe à l'étamine dans des gerles en bois de pin bien propres, d'une capacité qui varie entre 60 et 150 litres ; on le porte à la laiterie ; on y verse, pendant qu'il est encore chaud, une quantité suffisante de petit-lait saturé par l'acide de l'estomac de veau, d'agneau ou de chevreau, et on agite avec la cuillère pour bien opérer le mélange ; demi-heure après, le lait, assez consistant, a une cassure nette ; alors, sans attendre que le petit-lait paraisse sur les bords, le vacher plonge plus ou moins vite la spatule ou frénioire au milieu du caillé, y décrit un zig-zag en forme de croix, l'émiette complètement, puis il le rassemble au milieu de la gerle en faisant tourner doucement la spatule tout autour, et en extrait ensuite le petit-lait avec le puisoir.

D. *Comment fabrique-t-on la tomme dans le Cantal?*

R. On sort la pâte du fond de la gerle pour la mettre dans une forme percée de trous et reposant sur une table *ad hoc;* on pèse dessus, on retourne la pâte à plusieurs reprises, et on en extrait en partie le petit-lait par la chaleur de la main. Cette tomme est ensuite placée dans une gerle auprès du foyer où elle fermente et boursoufle ; un ou deux jours après, on émiette cette tomme, on la sale à raison de 2 kilog. de sel sur 50 kilog. de tomme ; on met ensuite ce mélange dans une forme garnie de trous et surmontée d'un cercle qui s'élève ou s'abaisse à volonté, selon qu'on veut faire la pièce plus ou moins forte ; on place l'appareil sous le pressoir ; on retourne le fromage deux ou trois fois par jour en l'enveloppant chaque fois d'un linge bien sec ; le second jour, on le retire du pressoir. Ces pièces pèsent de 45 à 50 kilog.

D. *Comment conserve-t-on ensuite ce fromage dans les caves ?*

R. On le dépose sur des planches supportées par des pieds-droits garnis en ferblanc, afin de les préserver de la dent des rats ; on le frotte, deux ou trois fois par semaine, avec un linge imbibé d'eau fraîche. Dès qu'il est un peu mûr et assez sec, on l'expédie au loin quand les chaleurs ne sont plus à craindre. Les caves doivent être fraîches, sèches, obscures et commodes.

D. *Comment fabrique-t-on le fromage de Hollande dans le Cantal ?*

R. On met la tomme toute fraîche dans des formes sphériques ; on presse lentement, graduellement et fortement ; puis on sale extérieurement, et on soigne dans les caves. Ces pains sont de 3 à 4 kilog. On les enduit ensuite d'une forte solution de gomme pour mieux les conserver et les envoyer ensuite au loin.

D. *Comment confectionne-t-on le fromage de Roquefort dans les montagnes de l'Arzac (Aveyron) ?*

R. On trait deux fois par jour les brebis et les chèvres ; on emprésure le lait avec le petit-lait saturé pendant vingt-quatre heures par l'acide de l'estomac de chevreau et d'agneau, à la dose d'une cuillerée

par 50 litres de lait ; on émiette le caillé ; on met ensuite la pâte dans une forme percée de trous ; on
presse le caillé pendant douze heures, et on le retourne souvent ; puis on l'enveloppe d'un linge sec,
on l'entoure d'une sangle en toile, on le place sur
des étagères, et on le retourne souvent ; quinze jours
après, on le sale, on le descend dans une cave fraîche
et taillée dans le roc ; le troisième jour après l'avoir
descendu dans la cave, on le frotte ; le quatrième, on
le racle et on l'empile par douzaines ; on le soigne
tous les quinze jours, et, quand la croûte passe au
rouge, on l'expédie.

D. *Combien distingue-t-on principalement de sortes
de fromages ?*
R. On distingue les fromages de Gruyère, de Hollande, de Roquefort, du Cantal, de Saint-Nectaire,
de Marolle, de Chester, de Parme, de Brie, de Ca-
member, etc. Les fromages gras sont faits avec le
lait non écrémé, comme le fromage de pâte grasse et
d'Auvergne.

D. *Comment obtient-on la crème ?*
R. On met le lait ou le petit-lait dans des barriques
sciées en deux, des grédales ou des vases en terre
cuite et en cuivre étamé, bien évasés dans le haut, et
placés dans un cellier où le thermomètre marque
12 degrés centigrades ; la crème se ramasse à la
surface ; on la retire avec une écumoire pour la mettre
dans la baratte. Si l'on tient à avoir du beurre bien
frais et d'un goût exquis, on fait chauffer le lait, et
on le laisse refroidir vingt-quatre heures avant de
l'écrémer, puis on procède à la confection du beurre.

D. *Comment confectionne-t-on le beurre ?*
R. On agite fortement la crème dans la baratte ou
dans la sérine normande ; bientôt elle s'y transforme
en globules butyreux ; on procède alors au délaitage ;
on lave ensuite à plusieurs reprises, jusqu'à ce que
l'eau sorte limpide, et, quand toutes les parties sé-
reuses et caséeuses qui pourraient altérer la pureté

8

du beurre et s'opposer à sa conservation ont disparu, on cure la pâte, on la sale, on la met dans des pots pour l'exporter au loin. La ville de Paris consomme annuellement plus de 30,000,000 de kilogrammes de beurre, et la France en exporte considérablement à l'étranger.

TRENTIÈME LEÇON.

ESPÈCE CHEVALINE.

D. Quels sont les animaux que renferme l'espèce chevaline?

R. Ce sont les mammifères de l'ordre des pachydermes, compris dans la famille des solipèdes, comme : l'âne, le couagga, le dauw, l'hémione, le zèbre, le mulet, et le cheval. Ce dernier possède la force nerveuse et la force musculaire; il est fier, fougueux, courageux, mais docile; il réunit dans sa taille et dans l'ensemble de ses formes les plus exactes proportions.

D. Quelles sont les marques distinctives d'un bon cheval?

R. Une tête moyenne, courte, sèche, fine, intelligente, accentuée et bien proportionnée, des oreilles petites et droites, un front large, des yeux vifs, bien fendus, très-ouverts et d'égale grandeur, les naseaux bien ouverts et bien fendus, l'encolure gracieuse et bien posée, la crinière arquée, longue et claire, le garrot élevé, les épaules plates et larges, la poitrine ample et bien développée, la croupe arrondie ou anguleuse, l'échine unie, les côtes arquées, les reins courts, les flancs renflés, le ventre bien conformé, les cuisses fortes et un peu ouvertes, les jambes sèches, les jarrets vigoureux et souples, le genou large, plat et garni de poils, le pied tombant d'aplomb, la peau fine, souple, le poil chatoyant et luisant, etc., etc.

D. *Quelle est la durée de la vie d'un cheval?*

R. Elle varie entre dix-huit et trente ans; les onze premières années se marquent par les dents : les pinces de lait rasent à un an, les mitoyennes à deux, et les coins à trois; les pinces et les mitoyennes sont remplacées à quatre ans, et les coins à cinq ans; les pinces persistantes rasent à six ans, les mitoyennes à sept ans, et les coins à huit ans; les pinces persistantes supérieures rasent à neuf ans, les mitoyennes supérieures à dix ans, et les coins supérieurs à onze ans.

D. *Quelles sont les qualités d'un cheval bien élevé?*

R. Le cheval bien élevé réprime au besoin ses mouvements, fléchit, dit Buffon, sous la main de celui qui le guide, obéit à ses moindres désirs, s'élance impatient dans la lice, se modère dans sa précipitation, s'arrête quand il le faut, cherche à deviner le désir de son maître, renonce entièrement à son être pour se livrer sans réserve à la volonté d'un autre, ne se refuse à rien, sert de toutes ses forces, et meurt même pour mieux obéir.

D. *Combien distingue-t-on de races de chevaux en France?*

R. On distingue celles des chevaux de selle, comme : l'arabe, le pur sang anglais, l'espagnol, le limousin et l'auvergne; ils sont sveltes, légers, vigoureux et de taille moyenne; leurs membres sont fins, souples et forts; — et celles des chevaux de trait, comme : le boulonnais, le normand, le suisse, le poitevin, le flamand, le percheron, le hollandais, etc., qui sont massifs, gros, charnus, et propres au gros trait et à l'agriculture. Ceux dont le garrot est assez élevé et qui unissent l'ampleur à la vitesse servent dans la grosse cavalerie et dans le trait accéléré, comme la poste, les carrosses, etc.

D. *Quelles sont les marques qui décèlent un mauvais cheval ?*

R. Une tête trop forte annonce un mauvais caractère ; des oreilles en arrière, un cheval qui rue ; des oreilles en avant, un cheval ombrageux ; des oreilles tantôt en avant, tantôt en arrière, un cheval capricieux ou ayant des yeux mauvais ; des flancs enfoncés et des côtes plates, un cheval de courte haleine.

D. *Comment procède-t-on à la reproduction du cheval ?*

R. On accouple l'étalon de cinq à douze ans et la jument de trois à dix-huit ans au commencement du printemps ; le bon étalon peut saillir trente juments dans l'espace de deux mois ; la jument porte onze mois et quelques jours, exige une bonne nourriture, beaucoup de soins et de ménagements, principalement vers la fin de la portée. Elle se délivre debout. Elle doit être détachée dans un parc bien fermé et pourvu de litière fraîche.

D. *Quels sont les soins que réclament les jeunes poulains ?*

R. On les laisse en liberté, avec leur mère, dans un parc ou un pâturage bien fermé ; on donne aux mères une nourriture substantielle. Les jeunes poulins tètent huit ou dix mois ; dès le second mois, on leur donne une petite ration d'avoine concassée ; on leur augmente la dose à mesure qu'ils grandissent ; on leur laisse le foin et l'herbe à discrétion. On perfectionne leur éducation en les flattant par des caresses, en cherchant à les attirer à soi avec un peu de sucre ou du pain, en les familiarisant avec le mors, en les accoutumant de bonne heure à porter la selle et à traîner un char léger. On ne doit les assujettir sérieusement au travail qu'à l'âge de cinq ans. Pour avoir des hongres, on les châtre à deux ans.

D. *Comment doit-on nourrir les chevaux à l'écurie ?*

R. En été, on leur donne des fourrages verts, du foin, de la paille hachée, du son, de l'avoine, de

l'orge, des fèverolles, du seigle et du sarrasin concassés ; en hiver, du foin, des pommes de terre, des
carottes, de la paille hachée, mêlés aux grains concassés et humectés. La ration de grain doit être plus
forte pour les vieux chevaux et les chevaux de travail
que pour les jeunes chevaux et les chevaux en repos.
Ces grains doivent toujours être concassés ou moulus.

D. *Quels sont le climat et le sol qui conviennent à
l'élève du cheval?*

R. Le climat chaud et sec, les terres en plaine,
volcaniques, schisteuses, granitiques, sablonneuses,
sèches, légères et élevées donnent des chevaux fins,
légers, vigoureux, de taille moyenne et très-sains ;
le climat froid, humide, les terres fortes, basses,
froides et humides donnent des chevaux hauts de
taille, forts, gros, charnus, mais très-sujets aux maladies des yeux, etc.

D. *Qu'est-ce que le mulet ?*

R. C'est le produit de la jument et de l'âne ; aussi
fort que le cheval et aussi sobre que l'âne, il résiste à
la fatigue des plus rudes travaux, des plus longs
voyages et des plus fortes chaleurs ; il a les reins
forts, les jambes solides, l'œil assuré dans les endroits
difficiles ; plus rustique et plus précoce que le cheval,
il travaille très-jeune sans se déformer. La mule est
plus chatouilleuse, plus délicate dans les formes, plus
agile à la course, moins tenace, mais plus capricieuse.

D. *Qu'est-ce que le bardot ?*

R. Le bardot est le produit du cheval et de l'ânesse ;
il est plus petit que le cheval, sobre, rustique et fort ;
résistant à la fatigue, gravissant facilement les sen-
tiers tortueux et rapides, et possédant des allures extrêmement douces.

D. *Comment doit-on disposer les écuries des chevaux ?*

R. On les place dans un lieu sec, élevé et exposé
au levant ; elles doivent être bien pavées, aérées par
de nombreuses et larges ouvertures ; les chevaux y

sont placés croupe à croupe, dans des compartiments, le licou attaché à un anneau qui glisse de la mangeoire à terre le long d'une barre en fer perpendiculaire ; les râteliers posés verticalement à 20 centimètres au-dessus de la mangeoire et un peu reculés, afin que les débris du foin et de la paille ne tombent ni sur les yeux ni sur la crinière des chevaux.

TRENTE-UNIÈME LEÇON.

ESPÈCES OVINE, CAPRINE ET PORCINE.

D. Quels sont les animaux de l'espèce ovine ?

R. Ce sont le mouton, le mouflon et l'argali. Le plus répandu de ces animaux, c'est le mouton. Il se divise en une infinité de races dont les principales sont : en France, la Mauchamp, la Charmoise, la Rambouillet ; en Espagne, la Mérinos ; en Angleterre, la Leicester, remarquable par sa longue laine, et la Southdown par sa laine fine et courte. Les unes et les autres se recommandent par leur aptitude à la graisse et leur laine fine, souple, élastique, longue, ondulée, moelleuse, blanche, brillante, grasse, etc.

D. Quelles sont les conditions propres à l'élève du mouton ?

R. Nos races rustiques s'accommodent d'un climat rude et froid, d'un sol sec, léger et élevé, d'un lieu sain, d'un terrain volcanique, granitique, sablonneux, argilo-calcaire, schisteux, montueux, où croissent les plantes odorantes et balsamiques ; les races fines demandent un climat tempéré, une nourriture plus abondante et beaucoup plus de soin.

D. Comment peut-on introduire les races étrangères chez nous ?

R. On accouple, jusqu'à la huitième ou dixième génération, les plus beaux mâles des races dont l'acclimatation est possible, avec les plus belles femelles de nos races; on donne ensuite une bonne nourriture aux mères avant et après leur portée, un logement convenable et des soins tout particuliers aux jeunes sujets.

D. *Comment procède-t-on à la multiplication des bêtes ovines ?*

R. On choisit pour la reproduction les béliers beaux, sains, vigoureux et bien conformés, ayant le cou pas trop allongé, la tête moyenne, fine, droite et légère, le nez camus, les naseaux humides et sans mucosité, les yeux clairs, vifs, grands, expressifs, les veines de ces organes et la peau qui les environne d'un rouge vif, la poitrine large, profonde et spacieuse, les membres un peu courts et bien proportionnés, la peau souple et bien garnie de laine, et la démarche libre et hardie. On accouple le mâle à trois ans et la femelle à dix-huit mois, en mai, juin, novembre et décembre ; la portée dure cinq mois; la mise à bas est difficile et demande toute l'attention du berger.

D. *Quels sont les soins que réclament les jeunes agneaux?*

R. Les premiers jours de leur naissance on les tient pour les faire téter, ensuite on les laisse avec leur mère dans la bergerie, dans un pâturage bien fermé et abrité des vents froids. On leur donne du son, du regain et de l'eau blanchie avec de la farine. Quand ils sont assez forts, ils suivent le troupeau dans les champs.

D. *Comment nourrit-on les bêtes ovines?*

R. Pendant la belle saison, on les fait paître au pâturage, dans les champs, les landes et la bruyère, après que la rosée du matin est levée; on les rentre à la bergerie pendant les grandes averses, les orages, et les heures de grande chaleur. En hiver, on leur donne au râtelier du foin, des pommes de terre, des topinambours, des carottes coupées, de la paille hachée et mêlée avec des grains concassés; on leur donne de temps en temps un peu de sel; on les sort tous les jours, si le temps n'est pas trop mauvais, pour leur faire prendre l'air et les abreuver à une source ou à un ruisseau limpide.

D. Quels sont les produits de l'espèce ovine?

R. Ce sont la viande, la graisse, la laine, la peau, et le lait dont on fait des fromages fort estimés. La laine doit être longue ou courte, fine, souple, moelleuse, tendre, ondulée, élastique, soyeuse, déliée, blanche, brillante, grasse, etc. La tonte se fait en mai, juin et juillet. On attache ensemble les quatre jambes de l'animal, on l'étend sur un linge ou sur le gazon, et on le dépouille de sa toison avec des ciseaux. On lave cette laine à l'eau tiède pour la débarrasser du suint, puis à l'eau du ruisseau, et quand elle est sèche on la carde, on la file, et on en fabrique les étoffes.

D. Comment engraisse-t-on les bêtes ovines?

R. On fait paître les animaux que l'on destine à la boucherie dans les champs, les prairies et les pâturages où l'herbe abonde; on leur donne à la bergerie des tourteaux, du regain et de la farine d'orge et de sarrasin en pâte; trois mois d'un bon traitement suffisent pour un engraissement parfait. On doit soumettre à l'engrais tous les vieux sujets, les brebis habituées à un port double ou fécondées trop jeunes, les jumeaux, les sujets peu chargés de laine, coureurs, gourmands, mangeant mal, ayant de la jarre dans la laine, etc.

D. Comment doit-on construire une bergerie?

R. On la place sur un lieu élevé et sec, exposée au levant ou au midi, sur le penchant d'un coteau, abritée des vents du nord; elle doit avoir la forme d'un rectangle, être assez vaste, bombée sur le milieu du pavé, aérée par de larges ouvertures d'un seul côté, lequel côté serait mieux encore s'il n'était fermé dans toute sa longueur que par une claire-voie, car les moutons craignent les courants d'air, et cependant ils veulent être dans des bergeries bien aérées. Les râteliers

adossés aux quatre murs doivent être mobiles et pouvoir s'élever jusqu'au plancher, après les repas, afin
de ne pas blesser les brebis pleines.

D. *Quels sont les animaux de l'espèce caprine?*

R. Ce sont les chèvres communes, de Cachemire,
d'Angora, et l'alpaga; la chèvre commune est la res-
source des pauvres; elle a le même genre de vie et de
reproduction que les brebis, demande les mêmes
soins, donne un lait bon et abondant, et se nourrit en
liberté dans les champs et dans les broussailles. Les
trois dernières espèces donnent un poil fin, mou et
long. Leur croisement avec la chèvre commune donne,
à la quatrième génération, un duvet plus abondant.

D. *Qu'est-ce que le cochon?*

R. C'est l'animal le plus répandu pour la production
de la graisse et de la viande. Les principales races
de la France sont l'Angeronne, la Craonaise, la Bayon-
naise, la Lorraine, etc. Leur croisement avec les races
anglaises donne de bons résultats. On recherche les
sujets les mieux conformés, les plus précoces et les plus
aptes à la graisse, ceux qui ont la chair fine, tendre à
cuire et salant vite, ceux à dos large, aux poils clairs,
fins et lisses, aux oreilles larges, rondes, souples et
tombantes, aux pattes fines, aux jambes courtes, etc.

D. *Comment s'opèrent la multiplication et l'engraissement du cochon?*

R. On accouple le verrat et la truie à dix ou douze
mois. On cherche parmi les verrats les plus beaux et
les plus doux. La truie porte quatre mois, peut donner
cinq portées en deux ans. Les petits tètent pendant
trois mois; dès le second mois on leur donne du lait,
du petit-lait, de la farine délayée dans les eaux de
vaisselle et l'herbe des pâturages, etc. Le cochon veut
être lavé souvent, il demande une nourriture un peu
aigrie pour bien engraisser, un logement chaud, obs-
cur, éloigné de tout bruit, planchéié et pourvu d'une
bonne litière.

TRENTE-DEUXIÈME LEÇON.

GALLINACÉS, LAPINS ET POISSONS.

D. *Quels sont les animaux de l'ordre des gallinacés ?*
R. Ce sont : les coqs, poules, canards, oies, dindons, pigeons, faisans, pintades, pingouins, outardes, etc. Le coq, de la famille des nudipèdes, est originaire de l'Inde ; ses principales variétés sont : les Dorking, Nexon, Houdan, Crèvecœur, Cochinchinois, Bantam, Brahma, Bréda, Padoue, Maine, La Flèche, Mont-d'Or, Hambourg, Espagnol, Gaulois, etc. Les unes se recommandent par leur précocité et leur volume ; les autres par leur rusticité et leur aptitude à la graisse et à la ponte ; et d'autres, enfin, par des chairs fines, savoureuses, succulentes, exquises, etc. Les poules provenant des premières couvées de l'année sont toujours les meilleures pondeuses ; quand elles veulent pondre, elles ont la crête rouge, l'œil vif, l'appétit vorace, cherchent les endroits obscurs et retirés. Leur plus grande fécondité se manifeste pendant les quatre premières années de leur vie.

D. *Comment s'opère la multiplication des poules?*
R. En février, mars et avril, on donne seize œufs fécondés, gros et frais, à une poule qui glousse et se recommande par sa douceur, après qu'elle est restée vingt-quatre heures sur le nid ; on la laisse libre, afin qu'elle puisse sortir à volonté pour manger, boire et se rouler dans le cendrier ; l'incubation dure vingt-un jours ; pendant l'éclosion, la ménagère aide les poussins qui ne sont pas assez vigoureux pour casser leur coquille. Les poussins veulent être à l'abri du vent, de la pluie et du froid ; ils mangent du pain et des gâteaux trempés dans l'eau ; plus tard, on les nourrit avec toutes sortes de grains, les légumes coupés en

petits morceaux, les vers du fumier, les viandes hachées, les insectes et l'herbe tendre.

D. *Comment élève-t-on les autres volailles ?*

R. On met, en février, mars ou avril, quinze ou vingt œufs fécondés sous la dinde ; l'incubation dure vingt-huit ou trente jours ; pendant ce temps, on a soin de faire manger la couveuse ; les dindonneaux commencent par se nourrir d'œufs cuits, de pain détrempé, de grain et de têtes d'orties bouillies, d'herbe, d'insectes, etc. — L'oie et le canard sont de la famille des palmipèdes ; on donne leurs œufs à couver à des poules ; l'incubation dure trente jours. — Les canetons et les oisons veulent les mêmes soins que les poussins, de l'eau pour barboter, de l'herbe pour paître, et tout autre aliment, un logement bas et chaud. —Les pigeons logent et nichent dans des pigeonniers spacieux, garnis de paniers et abrités des rats ; ils se nourrissent dans les cours et les champs dépendants de la ferme, veulent être chauds pendant l'hiver et bien fermés pendant la nuit ; leurs produits sont toujours proportionnés aux soins qu'on leur donne.

D. *A quelles conditions peut-on bien élever la volaille ?*

R. Il faut avoir une cour spacieuse renfermant : réservoir, cours d'eau, gazon ombragé, hangar, cendrier, fosse à fumier, parc des couveuses, parc des poussins, parc de perfectionnement pour renfermer, à l'époque de la ponte, les poules et coqs de choix ; poulailler exposé au midi ou au levant, chaud, bien conditionné, pourvu de perchoirs solidement fixés et de pondoirs pratiqués dans le mur et constamment garnis d'un œuf en plâtre. Ce poulailler doit être tenu bien proprement, aéré par de grandes ouvertures fermées, en été, par des toiles métalliques, et avoir des culées en pente douce aboutissant à toutes les portes.

D. *Qu'est-ce que le lapin ?*

R. C'est un mammifère de l'ordre des rongeurs,

qui se divise en plusieurs variétés. La femelle peut
donner huit portées par an et dix lapereaux à chaque
portée. Le lapin commun, d'un gris fauve, est la race
la plus productive ; on cherche, pour la propagation,
le mâle qui a le front bombé, les oreilles et le corps
allongés, la poitrine large, les joues proéminentes,
etc. Le logement doit être spacieux, élevé, propre et
pourvu de râtelier. Les lapins mangent tous les aliments, excepté la viande ; leur fumier vaut toujours
plus que ce qu'ils mangent ; leur viande est saine ;
leur peau sert à la fabrication de la colle-forte, et
leur poil à celle des chapeaux.

D. *Qu'est-ce que la pisciculture ?*

R. C'est l'art de peupler les eaux par la multiplication, l'amélioration, l'acclimatation et la conservation
des poissons qui servent à notre nourriture ; par l'i-
mitation artificielle, dans des récipients, des phénomènes de la fécondation ; par l'aménagement des
eaux dans le haut des vallées, la canalisation des
cours d'eau et la construction de rampes à lit de sable
et couvertes par des dalles où l'eau tombe lentement
et favorise le frai, l'incubation et l'alevinage naturels,
afin de créer une source intarissable de richesses, et
d'assurer plus de bien-être à la société.

D. *Quelles sont les principales époques de la ponte
chez les poissons ?*

R. Ce sont : les mois de novembre, décembre et
janvier pour la truite, le saumon et la lotte commune ; février et mars pour le brochet ; avril et mai
pour le brème, le barbeau, le cendré et l'ombre
commune ; juin, juillet et août pour la tanche, la
carpe, le goujon et le meunier. On reconnaît l'ap-
proche de la ponte quand la femelle a le ventre mou,
distendu, et le pourtour de l'ouverture anale rouge et
gonflé, et que les œufs, ne tenant plus à l'ovaire, se dé-
placent dans tous les sens sous la main qui les presse.

D. *Comment s'opère la fécondation du poisson à
l'état libre ?*

R. La femelle creuse un nid, avec ses nageoires, sur un sable fin, dans une eau courante, limpide et peu rapide, où elle se frotte le ventre à plusieurs reprises et y dépose ses œufs; un instant après, le mâle s'y frotte à son tour, dépose sa laitance sur les œufs en repos et les féconde.

D. Comment procède-t-on à la fécondation artificielle des poissons ?

R. On conserve dans les réservoirs toutes les femelles que l'on prend avant la ponte; et, lorsque l'époque de la ponte est arrivée, on les prend d'une main par la tête, on fait glisser légèrement l'autre main sur le ventre, et les œufs tombent dans une cuvette pleine d'eau. On fait subir la même opération à un mâle; la laitance, en tombant dans l'eau de la cuvette, la trouble, lui donne l'apparence du petit-lait, et féconde les œufs; alors on agite l'eau avec un pinceau bien fin, et, après quelques minutes de repos, on verse le tout dans des caisses en zinc ou des auges en terre cuite et émaillée.

D. Comment dispose-t-on ces œufs dans les auges pendant l'incubation ?

R. On les étale sur des claies dont les bâtons en verre sont écartés de 2 millimètres; on fait arriver dans les auges un filet d'eau transparente; on extrait, avec des pinces, les œufs pourris qui prennent une teinte blanche, afin qu'ils ne corrompent pas les autres. On les expédie au loin, dans des caisses, mêlés avec des fragments d'éponge, de la mousse et du sable humectés. Quand l'alevin est formé, il s'agite, traîne dans l'eau le vésicule ombilical dont il se nourrit; on lui donne des viandes cuites hachées, etc.; et, quand il a acquis une certaine dimension, on le livre à lui-même dans les cours d'eau.

D. Comment élève-t-on les huîtres ?

R. On recueille leurs œufs dans des clayonnages ou parcs à huîtres formés de branches d'arbres revêtues de leur écorce et assujetties par d'énormes poids sur des bancs de sable bien nettoyés. L'huître, dans sa merveilleuse fécondité, donne en deux pontes, qui ont lieu en mai et septembre, plus de deux millions d'œufs, lesquels sont fécondés dans l'ovaire, et sortent de la cavité incubatrice de la coquillle maternelle à l'état d'embryon ; ces embryons se prennent aux appareils collecteurs, à l'abri de tous les cas de destruction; leur coquille se forme, et, à un temps donné, ils descendent sur le sable, y vivent en sécurité, et se fixent à des pieux verticaux ou à des roches naturelles ou artificielles jusqu'à ce qu'on les pêche; un fond de parc vaseux leur est mortel.

TRENTE-TROISIÈME LEÇON.

ABEILLES ET VERS-A-SOIE.

D. Qu'est-ce que les abeilles ?

R. Ce sont des insectes du genre des hyménoptères, famille des mellifères, section des apières ou porte-aiguillon, vivant dans tous les climats, logeant à l'état de domesticité dans des ruches ou paniers en planches, en paille ou en osier. La ruche à cloche, à capote mobile séparée de la partie inférieure par un grillage en bois, est d'un prix très-modique, et fort commode pour la récolte; elle repose sur un plateau en bois à 50 centimètres au-dessus du sol ; ce plateau porte une entaille par où les abeilles peuvent entrer et sortir; la ruche est recouverte d'un chaperon en paille coiffé d'une grédale renversée.

D. Comment s'opère la multiplication des abeilles ?

R. A l'arrivée du printemps, la reine s'aventure dans une course aérienne, les mâles la suivent et la fécondent; elle rentre à la ruche et dépose un œuf dans chaque alvéole vide; trois jours après la ponte, la larve naît, et une abeille nourricière lui porte à manger. Cinq ou six jours après, cette larve se métamorphose en insecte; l'ouvrière ferme alors la cellule avec un couvercle en cire, et la larve se file une coque de soie dont elle se débarrasse trois ou quatre jours après, passe à l'état de nymphe et acquiert une blancheur transparente. Vingt et quelques jours après la ponte, la jeune abeille sort de sa prison après en avoir crevé la porte avec ses mandibules. Les ouvrières conservent les nourrissons valides, abandonnent loin de la ruche ceux qui sont difformes, massacrent les mâles après que la reine a été fécondée, montent la garde, ventilent la ruche, sonnent le rappel, donnent l'alarme, etc.

D. Comment les abeilles procèdent-elles à leur récolte?
R. Les plus jeunes abeilles, appelées butineuses, étant averties par les sentinelles que le temps est propice, s'élancent hors de la ruche, vont récolter le miel, le pollen et la propolis dans la corolle des fleurs, sur les feuilles miellées de certains arbres, et dans la sève qui transpire par les fentes de l'écorce des plantes, et les portent à la ruche; les vieilles ouvrières s'en emparent pour confectionner la cire, nourrir les jeunes couvains, et construire les cellules pour recevoir les provisions. Une butineuse fait cinq ou six voyages par jour; un essaim de 25,000 abeilles, pesant ordinairement 2 kilog. 1/2 ou 3 kilog., peut ramasser dans un jour 1,500 grammes de miel; une ruche de grande dimension donne par an de 1 à 2 kilog. de cire et de 4 à 5 kilog. de miel. La France possède un million de ruches à miel rapportant annuellement 13 millions de francs; à une ruche par hectare, elle pourrait avoir 55 millions de ruches rapportant 715 millions de francs.

D. Quand est-ce qu'on doit faire la récolte du miel?
R. On la fait au printemps ou à l'automne, selon que le climat de la contrée est plus ou moins rude. On frappe rapidement plusieurs coups sur le couvercle de la ruche, afin d'intimider les abeilles et de

les contraindre à descendre dans la partie inférieure ;
on lève ensuite le couvercle, on extrait les rayons ou
gâteaux de miel à l'aide d'un couteau dont la lame
est fort mince ; on crève le couvercle des alvéoles, on
renverse les gâteaux sur un vase pour recueillir le
miel vierge ; on presse les restes de ces gâteaux et
les gâteaux dont le miel est trop coloré pour avoir le
miel ordinaire. Ce miel se conserve dans des vases en
verre ou en terre cuite émaillée, recouverts avec deux
papiers, le premier imbibé d'esprit de vin, le second
imbibé d'huile d'olive. Les gâteaux qui contiennent
du pollen ne doivent pas être extraits de la ruche,
car ils sont l'unique provision des abeilles jusqu'à
l'arrivée des fleurs.

D. *Comment et à quelle époque ont lieu les essaims ?*
R. Vers le milieu de l'été, lorsque les couvains
sont un peu forts. Au moment où une nouvelle reine
va naître, la vieille reine envoie des émissaires dans
toutes les directions, afin de découvrir une nouvelle
demeure, et, par un temps chaud, lourd et un peu
couvert, l'essaim part ; la reine, exhalant toujours une
odeur suave et aromatique, entraîne avec elle toutes
les vieilles ouvrières présentes dans la ruche, et va se
poser sur la branche d'un arbre voisin, où l'apiculteur reçoit la nouvelle colonie dans un panier frotté
de miel qu'il dépose sur une nappe et qu'il porte le
soir sur un siége vide.

D. *Comment doit-on établir un rucher ?*
R. On le place dans un lieu sec et élevé, exposé au
levant ou au midi, abrité des vents froids et des grandes
ardeurs du soleil par des murs, des hangars ou des
arbres fruitiers principalement. L'ouverture des ruches doit toujours être opposée à tout chemin fré-
quenté par le monde et les animaux, et regarder un
lac, un cours d'eau, un réservoir, un horizon vaste,
des prairies émaillées de fleurs, des champs ensemencés de sainfoin, de sarrasin, de plantes aromatiques; des plantations de plaqueminiers d'Italie, d'a-

cacias, d'aliziers, de tilleuls, etc. Après chaque saison de pluie, on répand tout autour des ruches des cendres de foyer, afin d'écarter les fourmis, qui sont avides de miel.

D. *Qu'est-ce que le ver-à-soie ?*

R. C'est le bombyx du mûrier, insecte qui reste à l'état de chenille trente-deux jours ou environ. Son premier âge dure quatre jours et un jour de mue ; son second âge dure trois jours et un jour de mue ; son troisième âge dure cinq jours et un jour de mue ; son quatrième âge dure cinq jours et deux jours de mue ; son cinquième âge dure huit jours et deux jours de montée : pendant ces deux derniers jours la chenille s'enveloppe dans 300 mètres de fil ou environ et forme le cocon ; son sixième âge dure dix-huit ou vingt jours ; pendant ce temps la chrysalide reste en repos ; au septième âge, la nymphe se métamorphose en papillon ; celui-ci s'accouple pendant six heures au moins ou douze heures au plus ; les femelles vont ensuite pondre leurs œufs sur des toiles très-fines. On fait sécher ces toiles, ensuite on les roule, et on conserve les œufs jusqu'au printemps suivant pour les faire éclore.

D. *Comment procède-t-on à l'éclosion des œufs ?*

R. Quand les mûriers entrent en feuille, on étend la graine la plus saine, provenant des plus beaux cocons, sur des châssis en toile fine, recouverts d'un tulle à larges mailles, que l'on place dans une étuve où le thermomètre Réaumur marque 14 degrés et l'hygromètre 80 degrés ; chaque jour, la chaleur doit augmenter d'un degré ; le neuvième ou le dixième jour, quand la chaleur a atteint 23 ou 24 degrés, l'éclosion se termine. La naissance commence le septième jour ; elle a lieu chaque jour depuis cinq jusqu'à huit heures du matin ; on met ensemble les chenilles écloses le même jour, et on leur donne à manger, ce jour même, dès neuf heures du matin.

D. *Comment doit-on nourrir les vers à soie ?*

R. On cueille vers le milieu du jour, par un temps sec et beau, les feuilles sur des mûriers taillés et plantés dans une terre sèche et légère; on les conserve en les éparpillant dans un lieu sec et frais pour qu'elles ne fermentent pas; on les coupe avec le coupe-feuilles d'autant plus menu que les vers sont petits, et on les leur distribue six à huit fois par jour à l'aide d'un tamis à larges mailles. Le *bombyx cinthia* s'élève en plein air, vit sur le vernis du Japon, arbre qui croît dans tous les terrains du midi de la France. Les vers-à-soie de l'ailanthe, du ricin, du chêne, etc., sont fort rustiques. Nous ne parlerons pas de leur éducation.

D. *En quoi consiste le dédoublement et le délitement des chenilles ?*

R. A l'aide de simples filets en fil ou en papier, on enlève les chenilles sans leur faire le moindre mal, pour les changer sur des toiles propres et plus vastes, et cela toutes les fois que la litière ou toile qui les supporte n'est plus sèche ou pas assez spacieuse. Quand on opère pour le dédoublement seulement, on attend que la moitié des chenilles se trouvent sur les filets, et on les enlève pour les déposer sur un autre châssis. Les délitements, les dédoublements et les repas sont suspendus pendant la durée des mues.

D. *A quelles conditions peut-on bien élever les vers-à-soie ?*

R. Par la bonne organisation d'une magnanerie; l'emploi des œufs sains et bien conservés; une incubation parfaite dans une température graduellement ascendante et également soutenue dans toutes les parties du local, l'hygromètre marquant de 50 à 80 degrés; un espace convenable à chaque âge sur les châssis; une nourriture saine et suffisante; une atmosphère toujours pure; des délitements et des dédoublements fréquents; une ventilation énergique; une propreté excessive; des soins assidus et une surveillance constante.

D. *Quelles sont les principales dispositions d'une bonne magnanerie ?*

R. La magnanerie doit être construite auprès des plantations de mûriers, sur un endroit élevé, et bien exposée, loin de toute cause d'infection, éclairée par de grandes et nombreuses ouvertures, fermée à vitres et à rideaux, chauffée par des poêles en faïence ou en terre cuite, pourvue de ventilateur, de thermomètre et d'hygromètre, garnie de claies coconières de 1 mètre 40 centimètres de large, et superposées sur des rayons à 60 centimètres de distance, avec des couloirs tout autour pour laisser la circulation libre. On balaie tous les jours sans faire de poussière.

D. *Comment s'opère le décoconnage ou déramage ?*

R. Sept jours après la montée des chenilles sur les branches de bruyère, on prend les cocons que l'on ne veut pas garder pour graine, on les met dans l'eau chaude, on réunit ensuite en un seul brin les fils de plusieurs cocons, et on dévide ; la partie non dévidée se carde, et se vend sous le nom de filoselle.

CINQUIÈME PARTIE.

ÉCONOMIE RURALE.

—

TRENTE-QUATRIÈME LEÇON.

ORGANISATION D'UNE FERME.

D. Comment doit-on organiser une ferme?

R. On donne à une ferme une étendue qui varie entre 50 et 100 hectares et d'un seul tenant. On convertit en prairie naturelle un quart de sa superficie pour les bonnes terres, et un tiers quand cette propriété se trouve sur des terres médiocres. Les bâtiments doivent être placés, autant que possible, au milieu de la propriété, sur un endroit un peu élevé, tout autour d'une vaste cour, la maison d'habitation fermant le côté nord ; les granges ou greniers à foin, les étables, les écuries et la bergerie fermant les côtés est et ouest ; la porcherie, le poulailler, le pigeonnier, le hangar à couvrir le fumier et les latrines fermant le côté sud ; une source abondante, un abreuvoir, un lavoir, une mare d'eau entourée de gazon et ombragée de quelques saules-pleureurs au milieu de la cour.

D. Quelle doit être la dimension des bâtiments d'une ferme?

R. Elle doit toujours être proportionnée aux besoins d'une ferme, c'est-à-dire assez vaste pour loger le bétail et les provisions d'hiver ; d'un autre côté, l'hygiène demande 15 à 20 mètres cubes d'air par personne pour le logement du personnel, et 60 à 80 mètres cubes pour chaque sujet dans le logement des bêtes à cornes et des chevaux ; des ouvertures grandes et nombreuses, des planchers et des plafonds élevés, des ventilateurs ou cheminées en planches au-dessus des écuries, des étables et des bergeries plus étroites dans le haut que dans le bas, afin de former un tirant et de laisser échapper l'air chaud, vicié par les miasmes ou mauvaises odeurs toujours nuisibles à la santé des animaux.

D. *Comment doit-on disposer des terres d'une ferme ?*

R. On laisse en terres arables ou labourables : les terres chaudes, sèches et légères qui se trouvent en plaine, dans le fond des vallées, sur les plateaux élevés et le terrain peu incliné. On convertit en prairies naturelles : les terres fortes, froides, humides, qui ne peuvent être amendées, et les terres en pente, où l'on peut pratiquer l'irrigation. Quant aux montagnes et aux terrains en pente non gazonnés, où l'eau manque, on les dispose en rampes horizontales pour les convertir en forêts, en vignes ou en vergers, selon que la latitude, l'altitude, le climat et l'exposition le permettent.

D. *Quel est le meilleur système de culture à suivre dans l'exploitation d'un domaine ?*

R. C'est celui qui, sans trop de dépenses, permet de bonifier les terres et leur fait produire le plus de revenu possible sans trop les épuiser, en leur resti-tuant, par les amendements et les engrais, ce que leur enlèvent les récoltes. On ne doit pas appliquer aux montagnes la culture des plaines ; aux terres fortes, froides et humides, la culture des terres chaudes, sèches et légères ; aux terres médiocres, la culture des terres fertiles. Pour cela, il s'agit d'étudier la nature du sol que l'on cultive, afin de lui donner en temps voulu les amendements, les engrais et les labours qui lui conviennent ; de lui confier les semences qu'il est capable de recevoir ; d'y opérer le meilleur mode d'assolement et de rotation, et d'y employer les instruments aratoires qui lui sont propres.

D. *Qu'entendez-vous par assolement et rotation ?*

R. L'assolement consiste à alterner les récoltes sur un même terrain, en faisant succéder les plantes améliorantes aux plantes épuisantes, les plantes nettoyantes aux plantes salissantes, les racines traçantes aux racines pivotantes, en divisant les terres arables en plusieurs soles. La rotation consiste à connaître les plantes qui veulent être placées après telle ou telle autre, et le nombre d'années qui s'écoule dans chaque période avant de les ramener à la même place dans l'assolement des terres.

D. *En quoi consiste la jachère ?*

R. A laisser reposer les champs une ou plusieurs années sans y mettre de récolte, afin de les débarrasser des mauvaises herbes, telles que : raifort sauvage, folle-avoine, chiendent, agrostis, camomille, centaurée, chrysanthème, bluets, etc.; en donnant un déchômage au commencement du printemps, un hersage après l'apparition des mauvaises herbes, puis un labour ; dans le courant de l'été, on donne un troisième labour s'il en est besoin ; un mois ou six semaines après, on peut semer. La jachère ne doit être pratiquée que dans les terres médiocres, et là où le manque de fumier et de bras se fait sentir.

D. *Qu'est-ce que l'agriculture pastorale ?*

R. C'est l'art de faire produire les fourrages et d'élever le bétail; elle est la plus avantageuse de toutes les cultures, et les peuples des montagnes de l'Auvergne, de la Suisse et des Pays-Bas, qui la pratiquent en grand, jouissent d'une grande aisance, vu que les prairies et les pâturages ne demandent presque pas de travail : c'est l'eau du ciel et des ruisseaux qui les arrose; ce sont les troupeaux à l'engrais et les vaches laitières qui paissent l'herbe. De cette manière, les travaux et les dépenses d'une ferme diminuent d'autant plus, que ses prairies, ses troupeaux, ses engrais et ses revenus augmentent.

D. La prospérité d'une ferme n'est-elle pas en raison directe de l'extension de ses prairies?

R. Oui, puisque les fourrages accroissent le bétail, que ce bétail multiplie le travail, donne le lait, le fromage et la viande pour nous nourrir, la laine pour nous vêtir, le cuir pour nous chausser, les engrais pour bonifier les terres et leur faire produire plus de grains. Les fourrages donnent plus de revenu que les céréales, en ce qu'ils ne demandent pas autant de travail ni de soins; ils ne sont pas ausssi exposés aux orages et aux intempéries des saisons; ils rendent au sol, par les détritus de leurs feuilles et de leurs racines, plus d'engrais qu'ils ne lui en absorbent, repoussent promptement après avoir été coupés, et le défendent contre la sécheresse, les vents et la pluie, ce que ne font pas les céréales.

D. Quel est l'avantage de la culture des fourrages sur les terres en pente?

R. C'est celui d'empêcher le déchirement des terres par les eaux pluviales, et d'obtenir des fourrages de première qualité. Quand il s'agit de prairies artificielles, si la pente du terrain est trop étendue, on divise l'espace en plusieurs bandes horizontales où l'on sème alternativement et intercalairement les céréales et les fourrages, afin que l'eau, en passant par les bandes gazonnées, se divise et ne puisse pas être ramassée sur divers points pour lacérer et dépouiller la terre végétale des bandes inférieures fraîchement labourées.

D. Comment l'agriculteur doit-il entrer en possession d'une ferme?

R. S'il est riche, il doit entrer comme propriétaire; s'il ne possède que des connaissances agricoles sans argent ni aucun autre capital d'exploitation, comme régisseur; et, s'il a des capitaux suffisants pour l'exploitation, comme fermier. Dans ce dernier cas, la durée du bail doit être au moins de quinze à vingt ans, et le propriétaire doit s'obliger à payer au fermier, lors de sa sortie, dix à douze fois le montant du terme moyen du surcroît des huit dernières années, afin que ce dernier fasse exécuter, à ses dépens, toutes les améliorations utiles qu'il jugera nécessaires.

D. En quoi consistent les capitaux d'exploitation d'une ferme ?

R. Dans les grains de semence, meubles, bétail, provisions de ménage, produits actifs de la ferme, argent du commerce, instruments aratoires, tels que : chars, chariots, tombereaux, charrues, araires, défonceuses, fouilleuses, herses, scarificateurs, extirpateurs, rouleaux, semoirs, houes-à-cheval, charrues vigneronnes, ravales, machines à vanner les grains, hache-paille, concasseurs, coupe-racines, broyeurs, égrenoirs à maïs, batteuses, piocheuses, faucheuses et moissonneuses à la vapeur, bêches, hoyaux, binettes, sarcloirs, pioches, pics, tridents, fourches, râteaux, pelles, bidents, etc.

D. Quels sont les principaux produits d'une ferme ?

R. Ce sont : le bétail pour l'élevage, la boucherie et le travail, les grains, la laine, le lait, la crème, le beurre, le fromage, les chevaux de trait et de selle, les mulets, la volaille, les œufs, le duvet, le miel, la cire, les poissons, les légumes, les champignons, les truffes, les racines, les fruits, le vin, la soie, les bois de chauffage et de charpente, les plantes médicinales, commerciales, etc. ; le lin, le chanvre, les étoffes, la toile, etc. Loin des cités populeuses et des centres de commerce, l'agriculteur doit s'attacher à produire les denrées d'un transport facile, peu encombrantes, et celles qui ne s'altèrent pas facilement, qu'il peut avoir à chaque instant sous sa main, et dont il peut avoir besoin à tout moment pour le ménage.

TRENTE-CINQUIÈME LEÇON.

AMÉLIORATIONS AGRICOLES.

D. Quelles sont les principales améliorations agricoles qui méritent notre attention?

R. Ce sont : le défrichement des landes de Gascogne, de la Gironde, de la Bresse, de la Brenne, de la Dombe, de la Sologne, etc.; le dessèchement et le comblement des lacs, des étangs et des marais; le boisement des montagnes, l'aménagement des eaux dans le haut des vallées, la canalisation et l'endiguement des fleuves et des rivières, le rétrécissement des bassins, l'amélioration des passes, le développement de l'irrigation, l'utilisation de l'eau de mer dans les arrosages, l'opposition au morcellement de la propriété, l'organisation des associations agricoles en commandite, l'échelonnement des foires et des marchés selon les besoins de l'agriculture et des localités, l'harmonisation des lois rurales avec le progrès de l'agriculture, la propagation de l'instruction agricole dans nos écoles primaires, secondaires, etc.

D. Comment peut-on activer le défrichement des landes?

R. En les défrichant par l'écobuage, en les transformant par le colmatage, en les sillonnant de canaux et de chemins de fer agricoles, afin de pouvoir les drainer, et de les amender en y portant : les marnes crétacées des terrains secondaires, les faluns des terrains tertiaires et les limons argileux des terrains d'alluvion qui les environnent, de manière que chaque train, chaque barque, à son retour, puisse rapporter le sable, le gravier, la terre de bruyère ou la tourbe pour les répandre sur les terres qu'ils sont propres à amender eux-mêmes.

D. Comment peut-on dessécher ou combler les lacs et les étangs ?

R. Les lacs et les étangs de la France occupent plus de 400,000 hectares de superficie. On peut les rendre à la culture en pratiquant, à leur partie inférieure, de larges tranchées, afin de faire écouler le plus d'eau possible, et de combler ensuite la partie qui ne pourrait être mise à sec avec la terre tirée du déblaiement des tranchées et des monticules voisins, du creusement des canaux, des débris des roches qui gênent à la surface du sol, etc.

D. Comment peut-on opérer l'assainissement des marais ?

R. On trace en ligne droite, sur le milieu du marais, le lit du ruisseau ou le fossé principal d'écoulement; on commence le curage du côté où les eaux doivent s'écouler, pour que les travaux ne soient pas arrêtés par ces eaux; on assainit ensuite, au fur et à mesure qu'on avance, par la pratique du drainage, l'espace situé sur les deux côtés pour la livrer immédiatement à la culture des plantes qui lui conviendront le mieux.

D. Comment peut-on pratiquer le colmatage sur les landes des basses contrées ?

R. On tâche de trouver dans les contrées supérieures un banc de terre propre à leur amendement; on fait battre ce banc de terre par un cours d'eau rapide qu'on détourne et qu'on amène, à l'aide d'un canal, sur les landes inférieures et en plaine, jusqu'à ce que l'eau bourbeuse ait formé un dépôt de terre neuve d'une épaisseur convenable à la transformation de ces landes en terres arables.

D. Comment peut-on améliorer les passes des bassins et de l'embouchure des fleuves ?

R. Après avoir pratiqué le boisement des montagnes, l'aménagement des eaux dans le haut des vallées, la canalisation et l'endiguement des fleuves et des rivières, on réunit en un seul courant toutes les embouchures d'un fleuve, de manière qu'il avance toujours en s'élargissant insensiblement jusqu'à la barre, afin que le tirant d'eau, dans les marées montantes et descendantes, n'étant plus violenté, ne déplace pas aussi souvent les bancs de sable dans les passes, et ne rende à tout moment ces dernières dangereuses à la navigation. Les travaux dispendieux de la plage de Soulac n'auraient plus leur raison d'être si le bassin de la Gironde se trouvait dans toute sa longueur plus étroit que la passe du Verdon.

D. *Quels sont les moyens à employer pour rétrécir un bassin ?*

R. On canalise tous les cours d'eau qui aboutissent à ce bassin, afin de les rendre navigables sur la plus grande étendue qu'il sera possible de le faire, en portant la terre tirée des fouilles par les moyens de la batellerie et des voies ferrées dans les parties qui doivent être comblées ; on utilise les matériaux provenant du déblai des monticules, des collines, des dunes et des roches que l'on peut se procurer à peu de frais, à l'établissement des cales et des berges nécessaires à l'endiguement des cours d'eau, etc.

D. *Comment pourrait-on utiliser l'eau de mer à l'irrigation des plaines qui bordent la plage ?*

R. En réformant les lois qui se sont jusqu'ici opposées à la réalisation d'un si grand bienfait, car il n'est pas d'eau plus riche pour la végétation que celle-là. On pourrait construire des fossés assez profonds pour amener l'eau de mer assez en avant dans la plaine, où une machine hydraulique l'élèverait au moyen de pompes aspirantes et foulantes dans des canaux qui la dispenseraient sur toute la partie inférieure du terrain, où elle serait concurremment employée avec l'eau de ruisseau, de rivière et de source.

D. *Quels sont les inconvénients résultant du morcellement de la propriété ?*

R. La petite propriété et les terres trop morcelées et enclavées les unes dans les autres exigent pour leur culture, proportionnellement à leur étendue, beaucoup plus de temps, plus de travail et plus de bras que les grandes propriétés; la multiplicité des clôtures, des chemins et des bâtiments d'exploitation enlève une grande partie de terrain à la production, coûte des sommes énormes, et le cultivateur ne peut y disposer, faute d'espace et de capitaux, des instruments attelés, lesquels, dans la grande culture, remplacent si avantageusement les bras de l'homme. Le temps employé à transporter les instruments aratoires d'une pièce à l'autre, les procès résultant d'une infinité de bornes, l'entretien des clôtures et des chemins d'exploitation sont autant de causes nuisibles à la bonne agriculture et ruineuses parfois pour les cultivateurs.

D. *Faites-nous comprendre pourquoi nous devons désirer la réforme des lois qui ne sont ni prévoyantes ni protectrices à l'égard de la propriété ?*

R. Qu'un père de famille laisse en mourant, pour tout héritage, à ses enfants, une grande propriété, ceux-ci se la partagent : tel aura les bâtiments, qui n'aura pas assez de bien pour les utiliser et les laissera tomber en ruine faute de les entretenir; tel autre aura du bien, qui n'aura pas les bâtiments nécessaires à son exploitation, et s'il n'a pas assez d'argent pour s'en construire, il faudra qu'il emprunte à 5 ou à 6 p. 100 d'intérêt, tandis que le bien ne lui en rapporte pas 3; sa dette s'accroît tous les ans, il se trouve de plus en plus gêné, et c'est ainsi que naissent et s'aggravent les souffrances de l'agriculture.

D. *Que faudrait-il faire pour remédier à ces inconvénients ?*

R. Il s'agirait de mettre nos lois rurales en harmonie avec les progrès de l'agriculture et avec nos besoins, de faciliter la transmission de la propriété, d'abaisser l'intérêt de l'argent, de privilégier les placements sur les biens-fonds, de s'opposer au morcellement des propriétés de 50 à 100 hectares d'étendue, d'établir

des sociétés en commandite entre les petits proprié-
taires, d'aviser à mettre toutes les propriétés en un
seul tenant, d'établir une irrigation générale. La
France possédait, avant 1860, 26 millions d'hectares
en terres labourables, 2 millions en vignes, 5 millions en prés, 8 millions en forêts et 12 millions en
landes ou pâturages. Elle est annuellement tributaire
de ses voisins pour 20,000 chevaux, 30,000 bœufs,
60,000 bêtes à laine, 140,000 porcs, pour du blé, de
la laine, du coton, du sucre, de la cire, du miel, du
fer, du charbon, du bois, des huiles, etc., et ne leur
donne en échange que du vin, etc.

TRENTE-SIXIÈME LEÇON.

AMÉNAGEMENT DES EAUX.

D. *Comment procède-t-on à l'aménagement des eaux
dans le haut des vallées ?*
R. On pratique, sur les flancs des montagnes et
des terrains en pente, des fossés-niveaux tournant
horizontalement autour des monts ; on construit des
réservoirs souterrains ou temporaires dans les gorges
des vallées ou dans les endroits qui se trouvent en
plaine sur les plateaux ; on creuse profondément le
lit des ruisseaux et des rivières; on établit, de distance en distance, des barrages ou écluses qui retiennent l'eau et la déversent au besoin dans les fossés
d'irrigation, et on recherche les sources.

D. *Comment procède-t-on à la recherche des sources?*
R. On construit, de 6 à 12 mètres de distance, dans
les endroits marécageux, des fossés couverts aboutissant tous, autant que possible, à l'endroit où l'on
désire établir la fontaine; l'eau concentrée sur un
même point, étant plus abondante, donne des résultats plus satisfaisants. La dimension des fossés doit
être de 2 mètres de profondeur sur 1 mètre de lar-

geur, et leur pente à peine sensible ; on les comble avec les pierres tirées des soles en trèfle et celles qui gênent à la surface du sol, des fagots de brindilles que l'on recouvre avec du gazon renversé, de la paille, des feuilles, des herbes, pour empêcher que la terre ne pénètre à l'intérieur ; ou bien encore, on remplace ces matériaux par des tuyaux de drainage, si cela se peut.

D. *Comment construit-on les fossés-niveaux autour des monts?*

R. Dans les endroits où la pente n'excède pas 35 ou 40 degrés, on construit ces fossés à 100 mètres de distance les uns des autres, et un peu plus écartés si la pente est moins forte, de 2 mètres de profondeur sur 1 mètre 50 de largeur, afin de pouvoir y bâtir, à pierres sèches, un chenal au milieu recouvert de dalles, ayant une horizontalité parfaite et débouchant dans tous les cours d'eau qui se trouvent dans leur déploiement.

D. *Quel serait le résultat de cinq fossés-niveaux construits sur le versant d'une montagne de 600 mètres de haut et de 1,000 mètres de long, en temps d'orage?*

R. En supposant qu'un orage verse dans une heure, sur cette montagne, 30,000 mètres cubes d'eau, les cinq fossés, cubant plus de 10,000 mètres, en retiendraient un tiers, un autre tiers serait absorbé par le sol, et le troisième tiers s'écoulerait insensiblement par les deux fossés collecteurs ou ruisseaux, dans lesquels déboucheraient, par les deux côtés, les fossés-niveaux. Les ruisseaux devraient avoir, au point de jonction avec les fossés-niveaux, une vanne qui, en se fermant, permettrait à l'eau de s'élever au niveau du gazon, et de remplir complètement les fossés-niveaux dans toute leur étendue pendant la sécheresse.

D. *Comment devrait-on utiliser la terre tirée des fouilles des fossés-niveaux?*

R. On devrait en recouvrir les roches nues et les

endroits dépouillés, par les eaux, de leur couche
végétale, et former, sur le côté inférieur, un rebord
élevé que l'on couvrirait de gazon et d'arbres pour
retenir l'eau descendant du terrain supérieur, et la
contraindre de pénétrer dans le fossé ; de cette manière, les eaux torrentielles n'entraîneraient plus la
terre des coteaux sur les récoltes des vallées pour les
détruire, et ne viendraient plus altérer le lit des rivières et des fleuves pour y rendre la navigation
impossible.

D. *Comment doit-on construire les réservoirs souterrains?*

R. Dans les gorges des montagnes, quand le fond
de la vallée se trouve en plaine, on construit, de 10
à 12 mètres de distance, des fossés couverts qui se
prolongent jusqu'aux extrémités de la plaine ; on trace
le lit du ruisseau ou de la rivière en ligne droite au
milieu de la plaine, à une profondeur bien plus grande
que celle des fossés couverts, surtout quand le cours
d'eau est navigable. Les écluses ou vannes posées sur
le courant, s'ouvrant ou se fermant à volonté, retiennent l'eau dans le lit du ruisseau, la font arriver
dans les fossés couverts, et constituent les réservoirs
souterrains.

D. *Comment doit-on construire les réservoirs temporaires ou découverts?*

R. Partout où existe une plaine parfaitement horizontale, qu'elle soit grande ou petite, il s'agit d'élever
tout autour un bourrelet ou cordon en terre, mais
assez solide pour résister au poids de l'eau, et de
faire arriver dans son enceinte le trop-plein des fossés-
niveaux, des ruisseaux et des rivières, afin d'établir
un obstacle à la rapidité des eaux aux époques désas-
treuses des inondations.

D. *Quels seraient les avantages résultant de l'aménagement des eaux?*

R. L'eau, ainsi retenue, servirait, pendant la
sécheresse, aux besoins de l'irrigation, des usines

hydrauliques, de la navigation fluviale et de la pisciculture ; n'étant plus bourbeuse, elle ne saurait détériorer les fourrages qui seraient sur pied. En main-
tenant le flottage des rivières, des canaux et des
fleuves à un niveau à peu près constant durant toute
l'année, elle ferait faire un pas immense à notre navigation fluviale, à l'industrie, à l'agriculture et à la
pisciculture, car l'homme pourrait alors utiliser tous
ces bienfaits que la divine Providence a mis à sa disposition, et dont il semble ne vouloir pas profiter.

D. *D'après ces dispositions, devrait-on craindre
encore les inondations et la sécheresse ?*

R. Non, car l'aménagement des eaux, bien pratiqué, nous permettrait de les maîtriser et de les
maintenir dans le haut pays pendant les époques des
inondations, afin de les appliquer plus tard aux besoins
de l'agriculture pour désaltérer les plantes. Les habitants et les cultivateurs des contrées sujettes aux inondations se trouveraient alors à l'abri de ce terrible
fléau, et pourraient vivre désormais dans une sécurité parfaite.

D. *La force hydraulique ne peut-elle pas remplacer
la vapeur dans les usines ?*

R. Oui, elle peut, aussi bien que la vapeur, faire
mouvoir le balancier qui imprime, le marteau qui
frappe, le laminoir qui forge, le ciseau qui polit, la
lime qui ronge, la vrille qui perce, la meule qui broie,
le tamis qui passe, le char qui roule, la charrue qui
laboure, la voile qui file, les métiers de cardeurs, de
fileurs, de tourneurs, de tisseurs, les machines à
battre, à vanner, à concasser èt à moudre les grains,
etc., etc.

D. *Comment pourrait-on utiliser la force hydraulique dans la navigation fluviale ?*

R. Le halage des bateaux peut fort bien se faire
dans un cours d'eau en droite ligne, entre deux
écluses, par une double chaîne sans fin, allant d'une
écluse à l'autre. Cette chaîne, placée sur des cylindres

roulants au milieu du fleuve, et fixée, aux deux extrémités, à un arbre mu par la chute de l'eau, serait un
double remorqueur pour la remonte et la descente du
fleuve. Ces mêmes arbres, se prolongeant dans la
plaine et garnis de tambours mobiles et de courroies,
pourraient très-bien faire mouvoir les charrues, les
défonceuses, etc., dans le labour des terres.

*D. Quelle serait l'influence de ces dispositions sur
notre agriculture et notre navigation?*

R. Elle serait immense, car une grande partie des
animaux de trait serait réservée à l'alimentation des
hommes; en favorisant la navigation fluviale par le
remorquage hydraulique, l'augmentation de l'eau
durant l'été, et la disparition de la cause des dépôts
de graviers dans le lit des rivières, il nous serait
permis de les canaliser avec succès; chaque localité
aurait alors sa navigation, des marins instruits et dé-
voués qui feraient un jour la gloire de notre marine,
et rendraient la France aussi prospère sur mer qu'elle
l'est sur terre.

TRENTE-SEPTIÈME LEÇON.

TRAVAUX AGRICOLES DE CHAQUE MOIS.

*D. Comment l'agriculteur doit-il faire exécuter les
travaux d'une ferme?*

R. Ces travaux, variant selon la latitude, l'altitude, l'exposition des lieux, la nature du sol et les
plantes que l'on doit cultiver, ne sauraient avoir aucune règle fixe; ils sont divisés un peu pour chaque
saison, pour chaque mois et chaque jour, afin que les
ouvriers et les animaux de trait soient constamment
occupés. Ainsi, pendant le mois de janvier, quand la
neige couvre la terre, on bat le grain dans les granges,
on confectionne et on répare les instruments aratoires,

les paillassons, les ruches à miel, etc.; quand le temps est sec, on nivelle les champs, on laboure et on défonce les terres fortes; on pratique l'amendement, l'abouement et le drainage des terres arables et des prairies; on construit les fossés-niveaux, les fossés couverts, les réservoirs temporaires, etc.; et, si le temps est doux, on plante les arbres, on taille la vigne, etc., etc.

D. *Quels sont les travaux agricoles du mois de février?*

R. Par un temps doux et beau, on continue la taille et la transplantation des arbres fruitiers, etc., la taille et l'échalassement de la vigne; on met en jauge et en pépinière les branches que l'on choisit pour greffes ou pour boutures; on soigne les jardins potagers, les serres et orangeries; on fume les terres; on répare les chemins dégradés par les pluies, avec les pierres tirées des soles en trèfle; on laboure la vigne, dans les terres fortes, avec la charrue vigneronne; on sème les primeurs, telles que: asperges, choux, carottes, laitues, panais, persil, escarole, épinards, ognons, fèves, lentilles, etc.

D. *Quels sont les travaux agricoles du mois de mars?*

R. On sème pendant ce mois, dans beaucoup de contrées, l'avoine, l'orge et le seigle du printemps, le blé de mars, le blé amidonnier, le millet à épis, les primeurs, la graine des arbres résineux, etc.; on herse les céréales; on greffe les arbres; on étend les taupinières; on clôture, on irrigue et on cure les prés; on échenille les arbres; on fait le provignage; on ouvre les raies d'écoulement dans les terres en plaine et non drainées; on récolte le miel; on écarte des prés l'eau provenant de la fonte des neiges, etc.

D. *En quoi consistent les principaux travaux agricoles du mois d'avril?*

R. Pendant ce mois, on continue de semer le blé de mars, l'orge à deux rangs, les pois verts et les

jaunes, les fèves, les lentilles, les haricots, les
pommes de terre, la betterave, le millet et le trèfle
commun ; on reprend le hersage des céréales, le curage des prés, l'échenillage des arbres et des haies ;
on plâtre les prairies artificielles ; on étaie les jeunes
arbres ; on donne la première façon à la vigne ; on
continue la greffe des arbres ; on sarcle le seigle et le
froment ; on détruit les guêpes sur le groseillier et le
chèvrefeuille en fleur ; on éclaircit les fleurs des pommiers et des poiriers, afin de faciliter le nouement
des fruits à pédoncules courts.

D. *Quelles sont les principales occupations de l'agriculteur dans le mois de mai ?*
R. Pendant ce mois, l'agriculteur continue à semer :
le millet commun, l'orge céleste, l'orge commune,
le grand maïs, le chanvre, les pommes de terre, le
sarrasin ; il herse les céréales, les pommes de terre
et autres racines, coupe le trèfle incarnat, la luzerne
et les vesces pour les faire manger à l'étable, sus-
pend les arrosages des prairies naturelles, moud les
grains avant que les ruisseaux tarissent, continue le
sarclage des céréales, commence le pincement des
arbres fruitiers et de la vigne, supprime les pousses
inférieures aux greffes, les pousses gourmandes de la
vigne, bine les plantes potagères, etc.

D. *Quels sont les travaux agricoles qui veulent être
faits en juin ?*
R. Pendant le mois de juin, on sème : les fèves, les
haricots, les pommes de terre, le chanvre, le sarrasin,
le maïs quarentin, les navets, etc. ; on continue le
pincement et l'ébourgeonnement des arbres fruitiers et
de la vigne ; on repique la betterave ; on sarcle les
céréales du printemps ; on bine les pommes de terre ;
on rame les pois et les fèves ; on éclaircit les fruits
trop serrés des espaliers ; on coupe le trèfle et le foin ;
on donne à la vigne une façon moins profonde que la
première ; on procède à l'accolage et au palissage des
jeunes rameaux ; on ramasse les petits pois, les ce-

rises et les fraises; on procède à l'endiguement et à
la canalisation des cours d'eau, etc.

D. *Quels sont les principaux travaux agricoles du
mois de juillet ?*
R. Pendant ce mois, on continue la fenaison, le pincement et l'ébourgeonnement de la vigne; on éclaircit
les grappes trop serrées avec les ciseaux; on greffe à
l'écusson; on récolte les plantes oléagineuses; on repique le colza; on sarcle les racines; on bute les
pommes de terre; on ramasse les fruits, les pommes
de terre actives; on fait la seconde coupe de la luzerne; on moissonne le seigle, le blé, etc.; on continue l'endiguement et la canalisation des fleuves,
rivières et ruisseaux, etc.

D. *En quoi consistent les principaux travaux agricoles du mois d'août ?*
R. A continuer les moissons et la fenaison, à dé-
piquer les blés dehors, à préparer la terre pour les
semailles d'automne, à greffer à l'écusson; à pincer,
à palisser, à épamprer la vigne; à conduire les troupeaux dans les pâturages; à ramasser les poires, les
prunes, les abricots, les pêches; à donner la troisième façon à la vigne s'il en est besoin, afin de détruire les herbes qui nuisent à sa végétation, et de
chausser le pied; à endiguer les cours d'eau, à détruire les guêpiers, etc.

D. *Faites-nous un résumé des principaux travaux
agricoles de septembre?*
R. Pendant ce mois, on continue à préparer les
terres pour les semailles d'automne; on fait sécher
les prunes, on dépique les blés dehors, on prépare
les silos, on soigne les fruits dans les celliers, on
moissonne les céréales du printemps et les farineux;
on ramasse les féveroles, les pommes de terre, les
noix et autres fruits; on fume les terres; on sème
l'escourgeon, le froment, le seigle, les vesces; on
chaule, on sulfate le froment avant de le semer; on

coupe le trèfle, la luzerne, le regain, et on commence les vendanges.

D. *Quels sont les travaux de l'automne ?*

R. On continue les vendanges, les semences d'automne ; on transplante les arbres; on pratique les raies d'écoulement; on ramasse les fruits tardifs, les noix, les châtaignes, les pommes de terre et autres racines, et le chanvre femelle ; on pratique l'amendement des terres et le drainage ; on nivelle les terres à l'aide de la ravale; on construit les fossés-niveaux et les réservoirs souterrains et temporaires ; on taille la vigne et les arbres fruitiers; on teille le chanvre et le lin. Dans la cueillette des fruits, on ménage avec soin les bourses et les lambourdes des rameaux, afin de conserver des boutons à fruit pour les années suivantes; on soigne les fruits, etc.

D. *La tenue des livres ne doit-elle pas attirer l'attention des agriculteurs?*

R. Dans l'exploitation d'une ferme, l'agriculteur doit avoir, de toute nécessité, un registre à sa disposition, dans lequel il couche journellement les travaux exécutés, tels que : labours, semailles, récoltes, naissances, achats, ventes, bénéfices, pertes, dépenses, journées des ouvriers, consommation du ménage, état sanitaire des animaux, état de l'atmosphère, etc.

TRENTE-HUITIÈME LEÇON.

PERSONNEL DE LA FERME, ETC.

D. *Comment l'agriculteur peut-il se procurer de bons serviteurs?*

R. En mettant en pratique les moyens suivants : Assurer du pain aux cultivateurs et à leurs familles ; les engager au moins pour toute une année;

se les attacher par de bons procédés, les nourrir bien, les traiter comme ses propres enfants, leur payer loyalement et exactement leur salaire, et, enfin, exciter leur émulation par des récompenses à la vertu, à la bonne conduite, à l'intelligence et à l'assiduité.

D. Quelles sont les principales qualités d'un bon serviteur ?

R. Ce sont : la douceur envers les animaux, l'attachement et l'amour pour ses patrons, la soumission, la fidélité, la vigilance, la probité, la discrétion, l'activité, la bonne volonté, la force physique et morale, l'adresse, etc. L'agriculteur qui rencontre un bon serviteur ne doit pas balancer à lui donner un fort salaire, car un bon ouvrier fait toujours plus de travail par lui-même ou par ceux qu'il commande que ne sauraient en faire trois ou quatre mauvais ouvriers mal commandés.

D. Ne serait-il pas urgent de donner une instruction professionnelle aux cultivateurs ?

R. Oui. L'instruction primaire sans l'instruction agricole, dans les populations rurales, est un non-sens, en ce qu'elle fait, des enfants des cultivateurs, des commerçants et des industriels ; et l'instruction agricole sans l'instruction primaire est impossible. L'agriculteur qui, dans son enfance, aura acquis des connaissances sur les principales notions d'agriculture, aimera à les mettre en pratique dès qu'il aura la force de travailler. Plus l'agriculteur est instruit, plus l'impulsion qu'il donne à ses affaires est lucrative, plus le travail des champs a pour lui d'attraits ; souvent il s'enrichit là où le cultivateur ignorant peut à peine vivre. Un proverbe nous dit : *Tant vaut l'homme, tant vaut le champ ;* et il est aussi important pour la société que l'agriculteur connaisse les lois de la chimie agricole, que l'avocat les lois de la procédure.

D. Quel bien l'instruction peut-elle produire dans es masses ?

R. L'instruction professionnelle, bien entendue et

bien appliquée, assigne sa place à chaque individu,
peut changer en peu de temps la face de la société,
et opérer un bien incalculable en donnant à l'homme
des connaissances utiles qui font plus tard le charme
de sa vie; elles lui acquièrent des manières agréables
et des principes d'urbanité qui doivent le faire estimer
et admirer de ses semblables. L'homme ne peut atteindre ici-bas sa perfectibilité que tout autant que
ses facultés corporelles et intellectuelles auront été
cultivées et développées selon leurs besoins ; et si le
pain, le vin, la viande, les légumes, les fruits, l'eau
et l'air sont la nourriture du corps, l'étude, l'instruction, le travail, la prière, la méditation et le raisonnement sont, à leur tour, la vie de l'intelligence et de
l'âme.

D. *Quel est le plus sûr moyen pour arrêter l'émi-
gration des campagnes vers les villes?*

R. C'est de créer, dans la circonscription d'une ou
de plusieurs communes, une cité agricole où la famille du cultivateur indigent puisse trouver, dans une
vie modeste, toutes les commodités possibles et les
moyens nécessaires aux besoins de son existence, tels
que : fourneau économique, crèche, salle d'asile,
école primaire pour les deux sexes, ouvroir pour les
jeunes filles, cours gratuit pour les adultes, bains
publics, école de natation, ateliers pour fabriquer
tout ce qui est du ressort de l'agriculture et des besoins du ménage, salle de récréation pour l'hiver, les
jours de pluie, les dimanches et les veilles; cabinet de
lecture, etc. Une cité agricole doit toujours être placée
à l'endroit le plus central, le plus peuplé, le plus
fertile et le mieux exposé de chaque circonscription.

D. *Quelle est l'utilité des bains publics et des écoles
de natation dans les campagnes ?*

R. Les bains rendent la souplesse, la propreté et
la santé au corps de l'homme, la limpidité aux fluides,
le calme au sang, le repos à l'esprit, et la perméabilité à la peau. Chez les anciens, les bains constituaient

une des parties les plus importantes dans l'éducation des peuples; de nos jours, les fourneaux économiques peuvent chauffer, sans augmentation de frais, assez d'eau pour alimenter les bains chauds; et il s'agit seulement de préparer un espace de 1 mètre de profondeur, de 5 à 10 mètres de largeur, et de 50 à 100 mètres de longueur, dans le lit d'un ruisseau ou d'une rivière, pour y créer une école de natation.

D. Quelles seraient les principales occupations des habitants de la cité?

R. Travailler les jardins, et, dans les fermes rapprochées, battre, vanner, curer et moudre les grains; faire le pain, la lessive, le filage, le tissage des toiles et des étoffes; confectionner les habits, les instruments aratoires, le miel, la cire, le vin, le cidre, les huiles, etc.; soigner la volaille, les poissons, les vers-à-soie, etc.; expédier les produits sur les marchés; donner à boire et à manger aux voyageurs et aux ouvriers de la localité, en ne servant à chaque personne, dans chaque repas, qu'une portion de pain, de vin, de viande, etc., afin de ramener la société aux règles de la tempérance.

D. Quels avantages la société retirerait-elle de la création des cités agricoles?

R. Le pain étant fabriqué chaque jour, pour toute la circonscription, par des mains habiles et expérimentées, serait toujours mieux fait; il ne se perdrait pas par la moisissure ou le manque de levain; on le trouverait bien meilleur, et la farine ne serait pas aussi gaspillée qu'elle l'est actuellement. Le four communal et le fourneau économique, remplaçant cinquante fours et deux cents foyers de ménage, économiseraient considérablement du bois, du temps, du monde et de l'argent; donneraient aux forêts le temps de se reconstituer pour pouvoir suffire plus tard amplement à nos besoins.

D. Quel bien la morale pourrait-elle retirer de l'association agricole?

R. L'homme travaillant pour une société mutuelle ne serait nullement tenté de tromper ses coassociés en falsifiant les substances alimentaires et en les comptant plus cher qu'il ne faudrait, puisque le prix de vente serait réglé sur le prix de revient, et arrêté tous les huit jours par le conseil d'administration. Cet état de choses, mettant un frein à la basse cupidité de l'égoïsme et de la spéculation, rétablirait le moral et la dignité de l'homme : l'enfance échapperait alors à bien des souffrances, la jeunesse à bien des dangers, la vieillesse à bien des chagrins et des regrets, et la société à tous ces vices impurs, serviles et dégradants qui la mènent à une décadence inévitable et très-rapprochée de nous.

D. Comment pourrait-on intéresser les cultivateurs dans l'exploitation d'une ferme?

R. Après avoir payé le fermage du bien, le traitement et la nourriture du personnel, s'il restait un dividende, on le diviserait proportionnellement entre le montant du fermage et celui du traitement et de la nourriture de chaque employé. Les cultivateurs, intéressés de cette manière, travailleraient alors avec dévouement et persévérance.

D. L'homme étant le soutien de la famille, la femme ne doit-elle pas en être l'âme?

R. Oui; et la société ne saurait trop perfectionner l'éducation et l'instruction de la femme en ornant son esprit de toutes les connaissances utiles et agréables, car c'est elle qui reste toujours au sein de la famille; c'est à elle qu'appartient, par conséquent, l'éducation de l'enfance; la bonté de son cœur, la candeur de son âme, la douceur de ses traits, se reflètent dans ses enfants; plus elle est instruite, intelligente, prévoyante et rangée, moins la famille est exposée aux dangers, aux désordres et aux accidents qui la menacent, etc.

FIN.

MÉMOIRE

SUR LE GLAND DOUX COUSSIN

Le *gland doux*, propre à l'alimentation de l'homme, et que l'on appelle généralement dans le commerce gland doux d'Espagne, est le fruit du chêne-hêtre, du chêne noir et du chêne-liége, arbres majestueux qui peuplent les forêts du midi de l'Europe, et dont l'aspect imposant est l'emblème de la durée, de la force et de la vigueur.

Le *gland doux*, si précieux par ses propriétés hygiéniques, sert depuis longtemps de but à la sordide cupidité de certains commerçants, qui donnent des substances insignifiantes sous l'enveloppe de gland doux, nuisent à la société par le plus déplorable des abus de confiance, font tomber cette branche d'industrie si utile à la santé publique, discréditent et déshonorent le commerce; car il n'est pas un médecin qui ajoute foi à leur poudre de gland doux et les prescrive à ses clients.

Après avoir acquis la certitude que les cafés de glands qui jouissent de la plus grande réputation dans le commerce ne contiennent pas un atome de gland doux, je suis venu sur les lieux de production fabriquer une poudre qui renferme 8 grammes de tannin ou à peu près par paquet de 250 grammes, ou bien 35 centigrammes pour chaque tasse de décoction, quantité suffisante quand on en fait un usage constant.

La chimie démontre que le tannin, principe actif et salutaire du vrai gland doux, est le véritable antidote ou contre-poison du principe toxique des champignons, en ce que le venin des cèpes se trouve toujours dans leurs parties gélatineuses, albumineuses ou muqueuses, et que le tannin précipite ces matières et toutes celles qui leur sont identiques, comme le suc gastrique ou sécrétion de la muqueuse de l'estomac, et arrête, par la précipitation, le développement du poison et le progrès de la maladie, ce que ne peuvent pas faire les poudres de nos concurrents, puisqu'une solution de sulfate de fer versée dans leur décoction, n'y constate, par aucune réaction, la présence du tannin.

Comme anticholérique, l'usage du vrai gland doux, en précipitant par son tannin les matières bilieuses, muqueuses, gélatineuses et albumineuses si abondantes chez les cholériques, les empêche de s'accumuler dans leur estomac, de s'y corrompre par un trop long séjour, et de passer en partie dans la masse du sang, pour y porter le poison épidémique et occasionner immédiatement la cholérine, le choléra et la mort. Voilà pourquoi les hommes de l'art prescrivent l'usage de notre gland doux, de préférence à toute autre marque.

Comme tonique et fortifiant, l'usage du vrai gland doux resserre la texture des tissus vivants, les rend plus solides, en ajoutant à l'énergie et à l'intensité de leur action; donne de la fermeté aux chairs trop molles des personnes lymphatiques; relève et augmente graduellement les forces chez les enfants, les convalescents, les vieillards, les personnes faibles ou épuisées par les excès de travail, etc.

Comme antiglaireux, l'usage du vrai gland doux, en précipitant la surabondance des glaires, humeurs ou sucs gastriques, les fait évacuer par les voies digestives sans occasionner le moindre dérangement, débarrasse l'estomac de tout ce qui pourrait obstruer les pores de la membrane de la muqueuse, et s'opposer à une bonne digestion; facilite la transmission du chyme dans le réservoir du chyle pour rendre le sang plus riche et plus généreux; prévient les nombreuses maladies qui dérivent de la bile, et dégorge les bronches, lesquelles, s'obstruant facilement chez les vieillards, occasionnent les asthmes, les catarrhes, l'asphyxie et la mort.

Comme conservateur de la blancheur de la peau, l'usage du vrai gland doux, en précipitant l'abondance des sucs biliaires chez les personnes bilieuses, empêche une partie de ces sucs de passer dans la masse du sang, où leur présence donnerait, à coup sûr, une couleur plus foncée à la peau, et ternirait cette candeur de blanc mat qui sied si bien au beau sexe. Cette théorie repose sur des faits incontestables et acquis depuis longtemps à la science.

L'usage de notre café de gland doux raffermit les chairs, maintient la blancheur de la peau, assure l'embonpoint, fortifie l'estomac, excite l'appétit, facilite la digestion, remet en peu de temps les organes digestifs dans leur état normal, provoque la transpiration, les besoins d'uriner et le sommeil; guérit les douleurs rhumatismales, la cholérine, etc. Les anciens, dont la nourriture se composait en partie de glands doux, bien longtemps avant que le chêne-hêtre fût acclimaté en Espagne, étaient généralement plus sains, plus robustes, et vivaient même plus longtemps que nous.

Les chimistes et les hommes de l'art considèrent l'usage du vrai gland doux comme très-précieux dans l'économie, pour le rétablissement ou la conservation de la santé; ils le prescrivent comme fortifiant, tonique et astringent, à cause de la dose convenable de tannin qu'il renferme, et comme préservatif dans les cas de scrofule, pertes sanguines, chlorose, incontinence d'urine, fièvres, diarrhées, dyssenteries, asthmes, rhumatismes, maux de tête, d'estomac, état de maigreur, cholérine, choléra, empoisonnement par les champignons, etc.

Les personnes habituées à l'usage des glands doux falsifiés trouvent dans le nôtre un goût de chêne bien prononcé, et nous objectent que le grain de cette poudre un peu grosse est très-dur quand on la met sous la dent. La dureté du grain de cette poudre et son goût de chêne, qui n'est certainement pas désagréable, doivent être, pour les consommateurs qui ne peuvent pas recourir à l'analyse, deux preuves irrécusables de la sincérité du titre de notre produit.

Aujourd'hui que la lumière pénètre dans les masses, la vérité peut déchirer le voile qui protége les contrefacteurs, et vouer à l'exécration publique tous les falsificateurs; frelons industriels qui ne respectent pas plus le pain des pauvres que l'alimentation des riches, et la médication des malades, que la nourriture des hommes bien portants. Que les intelligences d'élite qui s'intéressent au bien de l'humanité fassent comprendre à la société les avantages qu'il y aurait pour elle à pouvoir se procurer une bonne marque de gland doux, et l'on ne tardera pas à se méfier de toutes ces poudres fabriquées sans connaissance de cause, auxquelles on donne abusivement le nom de gland doux, et qui n'ont d'autre vertu que celle d'attirer l'argent des consommateurs trop crédules.

On prépare la décoction de gland doux selon le goût de chacun, à la dose plus ou moins forte d'une cuillerée à bouche par tasse; et après l'avoir laissé bouillir trois minutes, on le prend à l'eau après le repas, et au lait pour déjeuner. Mêlé au café des îles, le gland doux lui donne un goût fort agréable, le rend moins excitant et plus supportable aux tempéraments nerveux et lymphatiques.

Exiger pour garantie: papier couleur chocolat, étiquette rose, et la signature Coussin aux deux bouts, sur papier bois ou chamois. Se méfier de toute autre marque.

Je préviens mes lecteurs que la maison Louit frères, de Bordeaux, qui seule avait eu pendant huit ans le monopole de la vente de mon produit, n'est plus dépositaire du *Café de gland doux Coussin.*

COUSSIN.

ERRATA

Page   **1**, deuxième demande, au lieu de *parties*, lisez : *branches principales.*

—   **2**, ligne 13, entre le mot *engrais* et la conjonction *et*, ajoutez : *l'eau, l'atmosphère.*

—   **6**, ligne 9, après le mot *vallée*, ajoutez : *qui avoisinent les montagnes.* — Ligne 10, après le mot *sable,* ajoutez : *de cailloux.*

—   **11**, ligne 7, lisez : *euphraise.*

—   **16**, ligne 6, au lieu de *rendent*, lisez : *rend.*

—   **17**, après *le défoncement*, ajoutez : *le colmatage.*

—   **22**, à la fin de la ligne 13, ajoutez : *Le plâtre, véritable réservoir artificiel, absorbe une grande quantité d'eau et la conserve sur les feuilles des plantes pour les rafraîchir ; il se dépouille peu à peu de l'acide sulfurique, passe à l'état alcalin, et est absorbé par les organes respirateurs des plantes, pour se combiner avec la sève acide des jeunes végétaux.*

—   **28**, ligne 2, après le mot *humide*, ajoutez : *quand elles sont fraîches et contiennent 25 p. 100 d'eau.* — Ligne 35, après le mot *donne*, ajoutez : *pour les terres légères ; quant aux terres fortes, la profondeur est à la largeur comme 3 : 2.*

—   **34**, ligne 14, lisez *240*, au lieu de *140.* — Ligne 17, au lieu de *40,000*, lisez : *18,500.*

—   **37**, lignes 8 et 9, au lieu de *lentement*, lisez : *difficilement.*

—   **46**, ligne 5, au lieu de *l'agriculteur*, lisez : *de l'agriculture.*

—   **50**, ligne 31, au lieu de *brossage*, lisez : *brassage.*

—   **62**, ligne 23, au lieu de *couches*, lisez : *canches.*

—   **67**, ligne 3, au lieu de *ensemencé*, lisez : *semé.* — Ligne 19, ajoutez à la fin : *que l'autre.*

—   **70**, ligne 9, ajoutez : *l'Ermitage, le Côte-Rôtie, le Saint-Perroy.*

—   **71**, après la ligne 18, ajoutez la demande et la réponse suivantes :

> D. *Quels sont les terrains qui produisent les meilleurs vins de France ?*

R. Ce sont : en Bourgogne, le sol argilo-calcaire ; en Champagne, le sol calcaire ; dans le Dauphiné, le sol granitique.; dans le Bordelais, le sol de grave, l'argile des palus, le sol sablo-argileux des plaines, et le calcaire des coteaux ; dans l'Armagnac, le sol argilo-calcaire, additionné d'une certaine quantité de sable ; dans la Charente, le sol argilo-calcaire, renfermant beaucoup de coquillages; et dans d'autres endroits, le sol plutonien, riche en potasse, etc.

Page 76, ligne 36, ajoutez : *D'après Ducom, il faut que les degrés de chaleur de chaque jour , depuis le 1er mars jusqu'au 17 septembre , additionnés ensemble, fassent un nombre de 3,745 degrés, pour que la récolte de vin soit supérieure.*

— 77, ligne 12, après le mot *fermentation,* ajoutez : *quand le marc qui forme la couronne se détache des parois de la cuve et commence à s'affaisser.* — Après la ligne 17, ajoutez la demande et la réponse suivantes :

D. *Comment doit-on traiter le vin après le décuvage ?*
R. Le vin rouge, mis en barrique, redoute le contact de l'air ; pendant le premier mois, les barriques doivent être ouillées tous les huit jours ; pendant le second et le troisième mois, tous les quinze jours ; on le soutire au commencement de janvier par un temps sec et beau, quand les vents sont au nord, et on ouille les barriques tous les mois ; en mars, on le soutire de nouveau pour ne pas le toucher pendant toutes les phases de la végétation. Les barriques doivent être exemptes de mauvais goût, soufrées et rincées avec deux ou trois litres d'eau-de-vie. Le collage et le soutirage débarrassent le vin de la lie qui pourrait lui communiquer le ferment pendant les chaleurs.

— 81, ligne 10, ajoutez : *Le chiendent vient sans qu'on le cultive ; on le regarde comme nuisible à l'agriculture. Cependant, on en extrait du sirop, de l'eau-de-vie, du sucre, de la farine et du pain.*

— 109, ligne 31, après le mot *portes,* ajoutez : *afin que l'acide carbonique provenant de la respiration des animaux puisse, par sa pesanteur, s'écouler sans difficulté au dehors.*

TABLE

—

PREMIÈRE PARTIE.

Le sol arable.

DEUXIÈME PARTIE.

Les engrais.

11

TROISIÈME PARTIE.

Les plantes.

QUATRIÈME PARTIE.

Les animaux domestiques.

CINQUIÈME PARTIE.

L'économie rurale.

FIN DE LA TABLE.

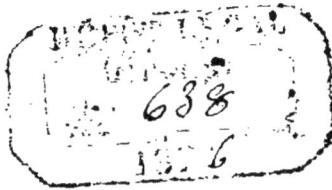

PRÉFACE

——

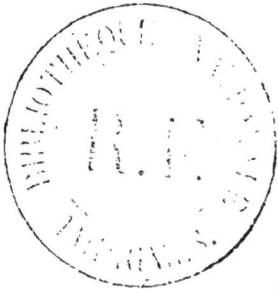

Les agitations politiques dont la France a été le théâtre, depuis de longues années, avaient empêché dans la plupart de nos provinces, le développement de l'art agricole, et semblaient vouloir le laisser dans son enfance, lorsqu'une administration toute dévouée au soulagement de l'humanité et à l'organisation du bien-être général, est venue lui tendre une main secourable, l'entourer d'une sollicitude toute paternelle et marquer une étape solennelle sur la route du progrès et de la civilisation.

L'application et la persévérance des cultivateurs, l'intelligence et le zèle des agriculteurs, sans cesse encouragés par des récompenses, leurs pertes indemnisées par des secours chaque jour renouvelés, la résurrection de l'Institut agronomique de Grignon et des fermes-écoles; l'introduction de l'enseignement agricole dans les écoles primaires, l'amélioration des routes et chemins, la refonte du code rural, le boisement et le gazonnement des terres légères et en pente, le défrichement des landes, le dessèchement des marais, la canalisation des cours d'eau, l'aménagement des eaux dans le haut

des vallées, etc., tels sont les sacrifices que l'État doit
s'imposer dans l'intérêt de l'agriculture et de celui de
la prospérité nationale.

A son exemple, il faut que chacun de nous rivalise
de zèle et de dévouement afin de contribuer à la vulga-
risation de cet art important, qui peut à lui seul
améliorer le sort des peuples, et consolider le bien-être,
la force et l'indépendance des Etats; car tout souffre
dans la Société lorsque l'agriculture est en souffrance
et que la consommation dépasse la production.

Je regrette de ne pouvoir apporter un tribut plus
considérable à notre régénération agricole; mais malgré
le peu de temps dont je dispose pour remettre en ordre
toutes mes leçons, dont l'original a disparu en 1858,
dans un incendie, je n'ai pu m'empêcher de publier cet
ouvrage, fruit de vingt-cinq années d'applications pra-
tiques comme cultivateur et agriculteur, de six années
de manipulation dans les laboratoires comme chimiste,
et de douze années d'enseignement agricole théorique
et pratique comme professeur.

L'exécution des nouvelles théories para t toujours
difficile ou impraticable aux partisans de la routine;
mais l'agriculteur intelligent comprend facilement les
heureux résultats qu'il peut en retirer, et, par des calculs
sages et économiques, il se met à même de vaincre
tous les obstacles, réalise d'importantes améliorations
avec bien peu de frais, donne une plus-value à sa propriété, augmente considérablement ses revenus, s'assure une aisance modeste, mais bien plus honnête que
toutes ces fortunes colossales que des hommes sans
scrupule amassent rapidement, en consumant leur
existence dans les émotions fiévreuses de la spéculation et de l'usure.

Nous dirons pour l'édification de la jeunesse, qu'il

vaut mieux rester simple cultivateur ou agriculteur
dans la campagne, que d'aller végéter dans les villes,
ouvrier sans travail, négociant sans clientèle, avocat
sans causes, employé avec un traitement insuffisant, etc.

On se plaint de la désertion des habitants des campagnes vers les villes, et du manque de bras pour l'exécution des travaux des champs ; tâchons de mettre les
élèves des écoles primaires au courant des travaux
agricoles qu'on exécute le mieux dans chaque commune ; donnons-leur des ouvrages d'agriculture à bon
marché, qui puissent leur exposer avec clarté et simplicité, des vérités utiles, des théories saines, des idées
fécondes et leur faire entrevoir les immenses trésors
que la terre leur cache et qu'elle ne cède qu'à un travail
opiniâtre et aux savantes opérations de l'habile agronome.

Que les élèves des écoles primaires apprennent l'art
gymnastique, qu'ils rentrent ou sortent de l'école au pas
militaire, que les jeunes gens de 16 à 20 ans soient
appelés un dimanche chaque mois, avec les hommes de
la réserve de l'armée active et ceux de l'armée territo-
riale sur la place publique du canton, pour y être dressés
à l'école de peloton, de bataillon, d'équitation, etc., de
cette manière la carrière de personne ne sera brisée et
les fils des cultivateurs, après avoir passé, à l'âge de 20
ans, un ou deux ans dans les camps et les villes de
garnison, s'empresseront de rentrer sous le toit paternel, pour y vivre heureux le reste de leurs jours et
fournir à l'agriculture les bras qui lui font défaut.

Que le gouvernement et les autorités locales entourent les instituteurs primaires de nouvelles sollicitudes;
qu'on donne à ces apôtres du progrès, à ces dignes
missionnaires de la civilisation, à ces nouveaux dispensateurs de l'intelligence humaine, une plus grande

somme d'indépendance, une plus large part de connaissances utiles, un traitement analogue aux services qu'ils
rendent à la société, et nous pouvons être assurés que
ces humbles fonctionnaires offriront alors à la société
toutes les garanties désirables.

Il est incontestable qu'en donnant seulement l'instruction primaire à la jeunesse des campagnes on déclasse les populations rurales au profit des populations
urbaines ; tandis que si l'on s'applique à l'éducation
professionnelle des cultivateurs en joignant l'instruction agricole à l'enseignement primaire, on retient à la
vie des champs cette vigoureuse et infatigable jeunesse qui va s'étioler et se perdre dans les villes. Ne ces-
sons pas de répéter que l'instruction primaire sans l'instruction agricole est un non-sens pour les populations
rurales, que l'instruction agricole sans l'instruction
primaire est impossible, et qu'il ne peut y avoir de
bonnes cultures sans l'instruction.

C'est par de pareils moyens qu'on pourra résoudre le
problème si souvent posé devant les sociétés d'agricul-
rure, et dont personne n'a donné la véritable solution. Si
l'égoïsme et l'ignorance sont la cause de la pénurie qu'on
nous signale, la loyauté des patrons, la prévoyance,
l'intégrité des magistrats et l'instruction dirigée en
faveur de l'éducation professionnelle doivent en être
le remède.

Que l'Université introduise l'étude de l'agrologie dans
l'enseignement supérieur, et tel homme qui en sortira
avec les diplômes de bachelier ou de docteur, pourra
devenir un agronome distingué lorsque les loisirs de la
retraite lui permettront d'aller jouir des douceurs de
la campagne, et de présider à l'exploitation de ses propriétés ; car l'agriculture est la profession par excellence,
et l'instruction ne nuit jamais à l'homme qui se livre au
travail et à l'exploitation de la terre.

On a vu chez les Romains, les guerriers les plus illustres, en France, les généraux les plus célèbres, déposer leurs épées pour saisir le mancheron de la charrue, et la valeur de leurs propriétés était toujours en rapport direct avec l'instruction et l'intelligence de ces nobles caractères, de ces braves soldats, de ces vaillants défenseurs de la patrie.

Dans cet ouvrage bien restreint, nous n'entrons pas dans les petits détails de culture que la pratique et l'usage des lieux enseigneront suffisamment à la jeunesse, et que les professeurs et les maîtres de pratique devront donner succinctement, car les longs développements dans les démonstrations produisent la confusion dans l'esprit des élèves et y engendrent le dégoût et le découragement; nous cherchons à appeler leur attention sur les saines méthodes et les préceptes généraux de l'agriculture, sur la sympathie qui existe entre le sol, les engrais et les plantes, sur les principaux phénomènes de la végétation, etc.

Que l'on ne nous objecte pas que tout ce que nous allons démontrer est au-dessus des intelligences de quinze ans, car les instituteurs primaires sont tous aptes à ces démonstrations; et toutes les sciences abstraites et métaphysiques dont on farcit ailleurs l'esprit des jeunes gens n'auront jamais pour eux autant d'attraits, que l'une des plus petites merveilles de la création végétale, merveilles qui les frappant d'étonnement, les arrêtent à chaque pas qu'ils font dans la vie, et les portent à nous demander : Pourquoi ceci? pourquoi cela? Devons-nous leur répondre que c'est un mystère lorsque nous pouvons leur dire la vérité et satisfaire leur vive curiosité?

Soyons aptes autant que les sciences nous le permettent à répondre clairement à toutes les demandes que

peuvent nous faire des élèves intelligents et raisonnables,
et nous serons étonnés de voir que plus ces jeunes gens
grandiront, plus ils voudront s'instruire, et que plus ils
comprendront les grandes, les splendides, les sublimes beautés de la nature et se trouveront initiés aux
lois immuables des sciences positives, plus ils seront
reconnaissants envers l'Auteur de toutes choses. Leur
âme candide et confiante dans la vérité qui les éclaire,
s'affermira dans la religion et la croyance d'un Être
Suprême, et fera de ces enfants, devenus hommes, le
modèle des citoyens vertueux.

Le but que nous nous proposons dans cet ouvrage,
est de raviver le goût de l'étude des sciences qui ont
trait à l'agriculture, de développer la pratique de l'art
agricole dans les populations rurales, et de le substituer
par son bas prix à la lecture frivole, insipide, mensongère et dangereuse des romans, laquelle gâte le goût,
alarme la pudeur, n'apprend rien à l'industrie, aux arts
aux sciences, et n'apporte que la stérilité dans l'esprit
des classes laborieuses, la démoralisation et la décadence dans celui des classes élevées.

Il est aussi important pour la société que l'agriculteur
connaisse la chimie agricole que l'avocat les lois de la
procédure.

L'artisan qui possède les connaissances élémentaires
de sa profession, éprouve un plaisir ineffable à passer
ses récréations au sein de sa famille; à lire les livres
propres à le moraliser, à l'instruire, à le perfectionner
dans son art, à le délasser de ses fatigues et à lui rendre
agréable par son instruction, les rapports qu'il peut
avoir avec ses égaux et ses supérieurs.

C'est ainsi que l'honnête ouvrier, le bon père de famille peut donner à ses enfants et à tous ceux qui
l'entourent, l'exemple des vertus domestiques; c'est

ainsi qu'il peut conserver sa santé, son argent, son honneur, son indépendance, la paix et l'aisance dans le ménage, et mettre en pratique cet adage qui lui dit : *Aide-toi, le Ciel t'aidera!*.. Tandis que l'homme ignorant ne connaît d'autres amusements, pendant ses loisirs, que les jeux et la boisson, vices qui déshonorent et abrutissent toujours ceux qui s'y livrent et les poussent parfois à des actes bien regrettables pour la société en général et pour leurs familles en particulier.

Ce catéchisme doit être une véritable bibliothèque pour les cultivateurs, une encyclopédie permanente pour les élèves des écoles primaires, des écoles primaires supérieures et des classes d'adultes ; il se reflétera dans leur mémoire dès leur plus tendre enfance; il s'y imprimera en caractères ineffaçables, au fur et à mesure que leur savoir grandira, que leur esprit sondera les intimes secrets de la nature, et que se dérouleront à leurs yeux les splendides merveilles de la science, les sublimes phénomènes de la végétation, les suprêmes décrets que trace partout la main de la divine Providence.

Présenter à la société un ouvrage dont chaque page stimule la curiosité du lecteur, chercher à élever insensiblement l'intelligence des agriculteurs au niveau du progrès et des lumières de la science, afin qu'ils puissent acquérir les connaissances indispensables à la pratique d'une bonne agriculture, telle est la tâche que nous nous sommes imposée; et si nous ne parvenons par à la remplir parfaitement, nous aurons du moins la satisfaction d'avoir posé les premiers jalons d'un enseignement agricole pratique, et il nous restera le doux espoir que des hommes plus autorisés pourront mieux faire à l'avenir que ce que nous aurons fait.

COUSSIN.

CATÉCHISME

AGRICOLE

PREMIÈRE PARTIE

PREMIÈRE LEÇON

DÉFINITION DE L'AGRICULTURE

D. *Qu'est-ce que l'agriculture?*

R. L'agriculture est l'art de cultiver la terre pour lui faire produire les substances de première nécessité, qui servent au fondement de la vie humaine et constituent le bien-être de la société.

Elle se divise en douze branches principales, savoir : l'agriculture proprement dite, l'agrologie, la viticulture, l'horticulture, l'arboriculture, l'ornithoculture, la sériciculture, l'apiculture; l'aquiculture, la mycoculture, la floriculture et l'économie rurale et domestique.

L'agriculture proprement dite consiste dans l'ensemble des travaux appliqués à la terre pour aviser à la multiplication, à l'accroissement et à la reproduction des plantes fourragères, légumineuses, céréales, commerciales, et des animaux domestiques; dans les soins que ces êtres réclament avant leur naissance, pendant leur croissance, après leur maturité et leur reproduction.

L'agrologie a pour objet de connaître les propriétés physiques et chimiques du sol arable, les améliorations dont il est susceptible par l'emploi des amendements et des engrais, la démonstration du rapport intime qui existe entre le sol, les engrais, l'air, l'eau, la chaleur, l'électricité et les plantes, le raisonnement des causes de la germination, des théories de la végétation et des lois de la fructification.

La viticulture est l'art de cultiver la vigne, de faires choix des cépages qui peuvent améliorer la qualité des vins, de connaître la nature du sol et l'exposition des lieux qui lui conviennent, la plantation, la taille et les soins qu'elle réclame, le moyen d'extraire le vin des raisins et de le soigner quand il est dans les fûts.

L'arboriculture est l'art de cultiver, de tailler, de reproduire par semis, drageons, boutures, marcottes et greffes, les arbres à fruit qui peuplent nos jardins, nos vergers, etc.

L'horticulture est l'art de créer, d'entretenir et de cultiver les jardins potagers, pour leur faire produire les végétaux comestibles, les fruits de serre, et en général tous les produits du jardinage.

L'ornithoculture consiste dans les soins que les ménagères apportent à la reproduction, à l'élève des oiseaux de l'ordre des gallinacées, etc., qui peuplent nos volières, nos basses-cours et nos pigeonniers.

La sériciculture est l'art d'élever les vers à soie de créer, de disposer et d'entretenir une magnanerie, de cultiver le mûrier, de dédoubler les chenilles, de recueillir les œufs des papillons, de dévider les cocons, et de livrer la soie à l'industrie et au commerce.

L'apiculture est l'art de créer, de disposer et d'entretenir un apier, de fabriquer des ruches à miel, des chaperons et des pavillons contenant de 16 à 32 ruches, d'élever les abeilles, de récolter le miel par les procédés les plus économiques et de produire la cire.

L'aquiculture consiste dans l'art de peupler les eaux, d'y élever, acclimater, multiplier, perfectionner et entretenir les diverses espèces de poissons, mollusques, crustacés, etc.; qui servent à l'industrie à la nourriture de l'homme.

La mycoculture est l'art de reproduire sur couche, de ramasser dans les garennes, le pâturages, terrains vagues, et de conserver dans les magasins les truffes et les champignons comestibles.

La floriculture est l'art d'entretenir les serres et parterres, de cultiver, de multiplier et de perfectionner les plantes à fleurs, celles d'agrément et d'utilité.

L'économie rurale consiste à faire produire à la terre les plus belles récoltes avec le moins de frais possible; elle comprend l'organisation, la direction, la destination du terrain, la disposition des bâtiments, le choix des grains de semence, des meilleurs instruments aratoires, la promptitude et l'intelligence dans l'exécution des travaux; l'exploitation et l'entretien d'une ferme; la conservation et l'écoulement du produit des récoltes.

L'économie domestique consiste dans l'ordre qui doit régner dans le ménage, qui règle les dépenses de la maison, qui préside à la préparation et à la conservation des substances alimentaires; qui veille à la confection et à l'entretien des meubles, du linge, des habits, etc.

Les noms les plus usités en agriculture sont les suivants :

L'agriculteur dirige l'exploitation d'un domaine, le cultivateur travaille la terre, le laboureur, trace les sillons, le faucheur coupe les fourrages, le moissonneur ramasse les récoltes, le bouvier conduit les attelages, le maître valet dirige les travailleurs, le berger garde les troupeaux, le vacher ou laitier soigne, trait les vaches, confectionne le beurre et le fromage, le viticulteur dirige l'exploitation de la vigne, le vigneron la travaille, l'ampélographe classe les cépages, l'œnologue s'occupe de la vinification, l'horticulteur travaille les jardins, l'arboriculteur greffe et taille les arbres fruitiers, le sylviculteur exploite les forêts, le bûcheron coupe, fend et ramasse le bois, l'apiculteur élève les abeilles, le sériciculteur élève les vers à soie, le magnanier soigne les magnareries, le pisciculteur élève les poissons, l'ostreïculteur élève les huîtres, l'ornithoculteur élève les oiseaux domestiques, le fleuriste cultive les fleurs, l'hirudiculteur élève les sangsues, le mycologe ramasse les truffes et les champignons comestibles, etc.

Bordeaux. — Imp. F. Degréteau.

www.ingramcontent.com/pod-product-compliance
Lightning Source LLC
Chambersburg PA
CBHW060548210326
41519CB00014B/3398